建筑施工企业管理人员岗位资格培训教材

电气质量员岗位实务知识

建筑施工企业管理人员岗位资格培训教材编委会　组织编写

张立新　编著

中国建筑工业出版社

图书在版编目（CIP）数据

电气质量员岗位实务知识/建筑施工企业管理人员岗位资格培训教材编委会组织编写．—北京：中国建筑工业出版社，2006

建筑施工企业管理人员岗位资格培训教材

ISBN 978-7-112-08852-2

Ⅰ.电… Ⅱ.建… Ⅲ.房屋建筑设备：电气设备-工程质量-技术培训-教材 Ⅳ.TU85

中国版本图书馆 CIP 数据核字（2006）第 130220 号

建筑施工企业管理人员岗位资格培训教材

电气质量员岗位实务知识

建筑施工企业管理人员岗位资格培训教材编委会　组织编写

张立新　编著

*

中国建筑工业出版社出版、发行（北京西郊百万庄）
新　华　书　店　经　销
北京密云红光制版公司制版
世界知识印刷厂印刷

*

开本：787×1092 毫米　1/16　印张：10¼　字数：248 千字
2007 年 1 月第一版　　2007 年 1 月第一次印刷
印数：1—4000 册　　定价：**18.00 元**
ISBN 978-7-112-08852-2
（15516）

版权所有　翻印必究
如有印装质量问题，可寄本社退换
（邮政编码 100037）

本社网址：http://www.cabp.com.cn
网上书店：http://www.china-building.com.cn

本书是建筑施工企业管理人员岗位资格培训教材之一，根据建筑施工企业的特点，针对施工电气质量员实际工作需要编写。本书理论联系实际，具有适用性、指导性、针对性。全书分六章，主要介绍建筑工程质量管理的发展、原则、标准；建筑电气分部工程验收、施工现场质量检查等电气工程施工质量管理；建筑配电系统；低压熔断器、开关、断路器等低压电器设备；电工常用仪表；电气安全用具、辅助安全用具、安全技术措施等安全防范内容。

本书可作为建筑施工企业管理人员岗位资格培训教材，也可供建筑施工技术人员参考。

* * *

责任编辑：刘　江　岳建光
责任设计：董建平
责任校对：张景秋　王金珠

《建筑施工企业管理人员岗位资格培训教材》

编写委员会

(以姓氏笔画排序)

艾伟杰	中国建筑一局（集团）有限公司
冯小川	北京城市建设学校
叶万和	北京市德恒律师事务所
李树栋	北京城建集团有限责任公司
宋林慧	北京城建集团有限责任公司
吴月华	中国建筑一局（集团）有限公司
张立新	北京住总集团有限责任公司
张囡囡	中国建筑一局（集团）有限公司
张俊生	中国建筑一局（集团）有限公司
张胜良	中国建筑一局（集团）有限公司
陈　光	中国建筑一局（集团）有限公司
陈　红	中国建筑一局（集团）有限公司
陈御平	北京建工集团有限责任公司
周　斌	北京住总集团有限责任公司
周显峰	北京市德恒律师事务所
孟昭荣	北京城建集团有限责任公司
贺小村	中国建筑一局（集团）有限公司

出 版 说 明

　　建筑施工企业管理人员（各专业施工员、质量员、造价员，以及材料员、测量员、试验员、资料员、安全员）是施工企业项目一线的技术管理骨干。他们的基础知识水平和业务能力的大小，直接影响到工程项目的施工质量和企业的经济效益；他们的工作质量的好坏，直接影响到建设项目的成败。随着建筑业企业管理的规范化，管理人员持证上岗已成为必然，其岗位培训工作也成为各施工企业十分关心和重视的工作之一。但管理人员活跃在施工现场，工作任务重，学习时间少，难以占用大量时间进行集中培训；而另一方面，目前已有的一些培训教材，不仅内容因多年没有修订而较为陈旧，而且科目较多，不利于短期培训。有鉴于此，我们通过了解近年来施工企业岗位培训工作的实际情况，结合目前管理人员素质状况和实际工作需要，以少而精的原则，组织出版了这套"建筑施工企业管理人员岗位资格培训教材"，本套丛书共分15册，分别为：

◇《建筑施工企业管理人员相关法规知识》
◇《土建专业岗位人员基础知识》
◇《材料员岗位实务知识》
◇《测量员岗位实务知识》
◇《试验员岗位实务知识》
◇《资料员岗位实务知识》
◇《安全员岗位实务知识》
◇《土建质量员岗位实务知识》
◇《土建施工员（工长）岗位实务知识》
◇《土建造价员岗位实务知识》
◇《电气质量员岗位实务知识》
◇《电气施工员（工长）岗位实务知识》
◇《安装造价员岗位实务知识》
◇《暖通施工员（工长）岗位实务知识》
◇《暖通质量员岗位实务知识》

　　其中，《建筑施工企业管理人员相关法规知识》为各岗位培训的综合科目，《土建专业岗位人员基础知识》为土建专业施工员、质量员、造价员培训的综合科目，其他13册则是根据13个岗位编写的。参加每个岗位的培训，只需使用2~3册教材即可（土建专业施工员、质量员、造价员岗位培训使用3册，其他岗位培训使用2册），各书均按照企业实际培训课时要求编写，极大地方便了培训教学与学习。

　　本套丛书以现行国家规范、标准为依据，内容强调实用性、科学性和先进性，可作为施工企业管理人员的岗位资格培训教材，也可作为其平时的学习参考用书。希望本套丛书能够帮助广大施工企业管理人员顺利完成岗位资格培训，提高岗位业务能力，从容应对各自岗位的管理工作。也真诚地希望各位读者对书中不足之处提出批评指正，以便我们进一步完善和改进。

中国建筑工业出版社
2006 年 12 月

前　言

随着新技术、新工艺、新设备、新材料在建筑电气工程的不断推广，和中华人民共和国建设部于2002年6月1日批准施行《建筑电气工程施工质量验收规范》（GB 50303—2002）的实施。建筑电气工程的质量检验人员亟待提高自己的专业知识水平，以适应我国建筑电气工程质量管理水平的迅速发展。编者依据国家现行的建筑电气工程规范、标准的要求，结合新规范在实施过程遇到的实际问题，系统地说明建筑电气工程质量控制与验收管理的要求，并指出施工过程各关键部位的控制要点和新的验收标准。

《电气质量员岗位实务知识》全书共分六章，即建筑工程质量管理、电气工程施工质量管理、建筑供配电、低压电器设备、电工常用仪表、安全防范措施，各章节在内容编排上突出以保证建筑电气工程的安全功能、使用功能、人体健康、环境效益和公众利益为关注点，并以加强建筑电气工程施工质量的控制与验收管理为重点。本书在编写过程中得到了朱翊、宋国友、张泰永、叶菲、王祥风、梁桂林、康芝芬、武志忠、李洪省、田志东等同志的大力支持与帮助，在此表示衷心的感谢。

由于作者的专业水平有限，书中难免有不妥之处，敬请建筑行业同仁给予指正，以便提高作者的专业技术水平。本书可作为建筑公司、市政公司、监理公司、房地产开发公司、大专院校从事建筑电气人员的参考用书，同时也适用于建筑电气工程质量管理的培训教材。

目 录

第一章 建筑工程质量管理 ·· 1
第一节 质量管理的发展过程 ·· 1
第二节 质量管理的原则 ·· 4
第三节 GB/T 19000 族标准与质量管理 ·································· 12
一、GB/T 19000—2000 族核心标准的构成和特点 ············ 12
二、质量管理体系的基础 ·· 15
第四节 建筑工程质量管理 ·· 19
一、施工现场质量管理 ·· 19
二、建筑施工质量控制 ·· 19
三、建筑工程施工质量验收 ·· 20
四、抽样方案与风险 ·· 20
第五节 排列图与因果图在质量管理中的应用 ·························· 21
一、排列图在质量管理中的应用 ·· 21
二、因果图在质量管理中的应用 ·· 24

第二章 电气工程施工质量管理 ··· 33
第一节 建筑电气分部（子分部）工程验收 ······························ 33
一、建筑电气安装工程的划分 ·· 33
二、分部（子分部）工程检验批的划分 ···································· 34
三、分部（子分部）工程验收方法 ·· 35
第二节 施工现场电气工程质量检查要点 ·································· 36
一、基本规定 ·· 36
二、主要设备、材料、成品和半成品进场验收 ························ 37
三、接地、防雷装置安装 ·· 39
四、开关、插座、风扇安装 ·· 43
五、低压成套配电柜、配电箱安装 ·· 44
六、灯具安装 ·· 47
七、导线、电缆导管敷设 ·· 49
八、管内、线槽内线缆敷设 ·· 52
九、电缆桥架和线槽安装 ·· 53
十、封闭母线、插接母线安装 ·· 54
十一、照明通电试运行 ·· 55
十二、低压电气动力设备试验和试运行 ···································· 56
第三节 电气工程质量通病与防治措施 ······································ 56

  一、防雷接地不符合要求 …………………………………………… 56
  二、室外进户管预埋不符合要求 …………………………………… 57
  三、焊接钢管（或 PVC 管）敷设不符合要求 ……………………… 57
  四、导线的接线、连接质量和色标不符合要求 …………………… 58
  五、配电箱的安装、配线不符合要求 ……………………………… 59
  六、开关、插座接线盒和面板的安装、接线不符合要求 ………… 60
  七、灯具安装不符合要求 …………………………………………… 61
  八、电缆、插接母线安装不符合要求 ……………………………… 62
  九、室内外电缆沟构筑物和电缆管敷设不符合要求 ……………… 63
  十、金属线槽安装不符合要求 ……………………………………… 63
  十一、草坪灯、庭园灯和地灯的安装不符合要求 ………………… 64
  十二、电话、电视线缆敷线、面板接线不符合要求 ……………… 65
  十三、消防系统的探头安装不符合要求 …………………………… 65

第三章　建筑供配电 …………………………………………………… 67
第一节　电力负荷与供电要求 ………………………………………… 67
  一、负荷 ……………………………………………………………… 67
  二、负荷分类 ………………………………………………………… 67
  三、负荷分级 ………………………………………………………… 68
  四、供电要求 ………………………………………………………… 68
第二节　电力负荷计算 ………………………………………………… 69
  一、负荷计算的目的 ………………………………………………… 69
  二、负荷曲线 ………………………………………………………… 69
  三、用"需要系数法"进行负荷计算 ……………………………… 71
  四、选择变压器容量（S_e） ………………………………………… 73
  五、无功功率补偿 …………………………………………………… 74
第三节　供电电压 ……………………………………………………… 76
  一、电压高低的划分 ………………………………………………… 76
  二、电压偏差与电压调整 …………………………………………… 76
  三、电压波动及其抑制 ……………………………………………… 78
  四、三相不平衡及其改善 …………………………………………… 79
  五、施工现场供配电电压的选择 …………………………………… 80
第四节　低压配电系统 ………………………………………………… 81
  一、TN 系统 ………………………………………………………… 81
  二、TT 系统 ………………………………………………………… 82
  三、IT 系统 ………………………………………………………… 83
第五节　低压配电线路 ………………………………………………… 83
第六节　短路电流及其计算 …………………………………………… 85
  一、短路的原因 ……………………………………………………… 85
  二、短路的后果 ……………………………………………………… 85

三、短路的形式 …………………………………………………… 86
　第七节　线缆的选择 ………………………………………………… 87
　　一、选择原则 ………………………………………………………… 87
　　二、导线、电缆选择的计算方法 …………………………………… 87
第四章　低压电器设备 …………………………………………………… 91
　第一节　低压熔断器 ………………………………………………… 91
　第二节　低压刀开关和负荷开关 …………………………………… 93
　　一、低压刀开关 ……………………………………………………… 93
　　二、低压熔断器式刀开关 …………………………………………… 94
　　三、低压负荷开关 …………………………………………………… 94
　第三节　低压断路器 ………………………………………………… 95
　　一、塑料外壳式低压断路器 ………………………………………… 96
　　二、万能式低压断路器 ……………………………………………… 97
　第四节　电流互感器和电压互感器 ………………………………… 99
　　一、电流互感器 ……………………………………………………… 99
　　二、电流互感器的类型与型号 …………………………………… 101
　　三、电流互感器的注意事项 ……………………………………… 102
　第五节　低压开关柜 ………………………………………………… 106
　　一、GCS 型低压开关柜 …………………………………………… 106
　　二、GCK 型低压开关柜 …………………………………………… 111
　　三、MNS 型低压开关柜 …………………………………………… 116
　第六节　电力变压器 ………………………………………………… 120
　　一、电力变压器的分类 …………………………………………… 120
　　二、电力变压器的结构和型号 …………………………………… 121
　　三、电力变压器的联结组别及其选择 …………………………… 122
　　四、变电室主变压器台数与容量的选择 ………………………… 124
第五章　电力常用仪表 …………………………………………………… 127
　第一节　电工仪表的分类与符号 ………………………………… 127
　第二节　现场常用仪表 ……………………………………………… 128
　　一、交流电流表 …………………………………………………… 128
　　二、交流电压表 …………………………………………………… 129
　　三、兆欧表 ………………………………………………………… 131
　　四、万用表 ………………………………………………………… 133
　　五、接地电阻测试仪 ……………………………………………… 135
　　六、钳形电流表 …………………………………………………… 139
第六章　安全防范措施 …………………………………………………… 141
　第一节　电气安全用具 ……………………………………………… 141
　　一、安全用具的分类和作用 ……………………………………… 141
　　二、验电器 ………………………………………………………… 141

三、带绝缘柄的工具 …………………………………………… 142
　第二节　辅助安全用具 ………………………………………………… 145
　第三节　安全技术措施 ………………………………………………… 148
　　一、停电 ………………………………………………………………… 148
　　二、验电 ………………………………………………………………… 149
　　三、装设接地线 ………………………………………………………… 149
　　四、悬挂标识牌和装设临时遮栏 …………………………………… 150
参考文献 ………………………………………………………………………… 152

第一章 建筑工程质量管理

质量管理有着自己历史和客观的发展规律，它是伴随着近代西方工业革命的迅猛发展，和现代科学管理技术深入研究应运而生。20世纪60年代质量管理在理论上取得了长足的发展，它被运用到军火生产、产品研发、过程分析、生产服务、企业管理等方方面面，质量管理作为企业产品过程控制的技术已被全世界各国所接收，对于不断提高产品质量起到积极的推动作用。质量管理是一个管理实践的过程，是由众多各项管理活动组成，这个过程和活动很大程度上依据 GB/T 19000 族标准的要求来进行，GB/T 19000 族标准源于质量管理的实践，质量管理是一个持续改进的过程，是一项全员参与的活动，需要我们在建筑工程质量管理的过程中严格遵循 GB/T 19000 族标准质量管理原则。

第一节 质量管理的发展过程

自从有历史以来，人类为了生存和发展，不断地在劳动中创造了满足人们需要的物质财富，这些物质财富使人类获得了生存的条件并得到了不断的发展。劳动创造了财富——产品，在产品形成过程中，人们从不同目的出发，总是设法创造出优质的产品，这一点古今中外皆然。从广义上讲，这种努力都可以看成是对产品质量的控制和管理。因此可以认为质量控制和管理是伴随着人类的生产史和流通史而诞生和发展的。但是质量管理作为一门新兴的科学，发展历史并不太长，它是机器大生产的产物，是生产力发展的必然结果。质量管理的发展大体可分为以下三个阶段。

1. 传统质量管理阶段

传统质量管理的特点是在产品生产过程中单纯依靠检验来剔除废品，以保证质量。这种管理办法缘起于古代，第一次工业革命后，在资本主义大生产中也一直沿用。所不同的是在手工业方式下，产品的制造者和检验者常常是合一的；而在机器大生产方式下，制造者和检验者是分开的，这样就把产品的检验工作分离成为独立的工序。

直到20世纪20年代，由于资本主义生产发展的需要，一些学者开始把数理统计方法引入到产品生产过程中的质量控制。1924年，美国贝尔电话实验室的休哈特（W.A.Shewhart）提出了第一张控制图，把产品质量分散的原因区分为偶然原因和异常原因，对后者进行追查处理，以使生产过程能够处于控制状态。1928年，同一贝尔电话实验室的道奇（H.F.Dodge）与罗密克（H.C.Romig）提出了统计抽样方案，编制了第一批抽查数表，在质量保证方面应用了数理统计方法。1931年，休哈特的《工业产品质量的经济检验》一书问世。以后，从美、英等国的科学研究中提出了"统计检验法"。这些成就都为现代质量管理奠定了理论的基础，打破了质量管理中"事后检验"的传统，提出了"预防缺陷"的概念和数理统计方法。但是，这种理论和方法并未得到普遍采纳，仅为以后两个阶段作了理论准备，传统质量管理却一直延续到20世纪40年代。

2. 统计质量管理阶段

二次世界大战开始，美国工业生产特别是军火工业生产迅猛发展，许多民用公司也都转入生产军品。但往往由于质量得不到保证而延误交货期，满足不了战争的需要。为此，美国国防部邀集了休哈特等专家，制定了"战时质量管理制度"，强令有关公司严格执行，有力地推进了数理统计方法的应用。半年时间，大见成效，引起人们普遍关注。战后，各公司转为生产民品时，仍继续采取这种方法，欧美其他国家也纷纷效法，在生产中广泛地应用并延至20世纪50年代。这个阶段称为统计质量管理（Statistics Quality Control）阶段，简称SQC阶段。在这个阶段中，一些国家过分强调数理统计方法而忽视了管理功能的发挥，使普及和推广遇到了阻碍。

3. 全面质量管理阶段

从20世纪60年代开始，各工业先进国家的企业质量管理系统日臻完善，实践效果日益明显，质量管理的理论也得到了长足的发展。1961年，美国质量管理专家菲根堡姆博士（Armand V. Feigenbaun）所著《全面质量管理》一书中首次提出了全面质量管理（Total Quality Control，TQC）的概念："全面质量管理是为了能够在最经济的水平上并考虑到充分满足用户要求的条件下进行市场研究、设计、生产和服务，把企业各部门的研制质量、维持质量和提高质量的活动构成为一体的有效体系"。这里强调了：

（1）质量的经济性和用户要求的满足；
（2）开发、设计、生产和服务的全过程；
（3）研制质量、维持质量和改进质量结合的质量管理活动；
（4）形成有效的体系。

菲根堡姆的全面质量管理概念逐步被世界许多国家所接受，并被结合本国国情有了进一步的发展，在实践中也取得了丰硕的成果。

为了和菲根堡姆的全面质量管理（TQC）有所区别，突出日本的特色，日本质量管理的奠基人石川馨博士在1965年召开的质量管理研讨会上把日本式的全面质量管理称为"全公司性质量管理"（Company-Wide Quality Control）。石川先生在其1981年的著作《日本的质量管理》一书中对CWQC的内容作了以下几点描述：

（1）所有部门都参加的质量管理——就是企业所有部门的人都学习、参与和实行的质量管理。"质量管理始于教育，终于教育"。

（2）全员参加的质量管理——就是企业的经理、董事、处科长、职能人员、工班长、操作人员、推销人员等全体人员都参加质量管理，都实行质量管理，进而扩展到外协、流通机构、子公司也都全员参加质量管理。

（3）综合性的质量管理——把质量管理作为中心来进行，同时还要推进成本管理（利润管理、价格管理）、数量管理（产量、销售量、库存量）、交货期管理。这也是基于开发、生产、销售让消费者满意的产品这一质量管理基本思想的。经营必须综合地进行，不能把质量管理、成本（利润）管理、数量（交货期）管理割裂开来，要以质量管理为中心进行经营，叫作综合性质量管理。

图1-1是石川先生在书中的一张图，用以说明全公司性质量管理，并说明全公司性质量管理的精髓是图1-1中的中心圈，即质量保证和新产品（服务）的开发质量。

我国于1978年引入全面质量管理，并在20世纪80年代把全面质量管理定义为"企业全体职工及所有部门同心协力、综合运用管理技术、专业技术和科学方法，经济地开发、研制、生产和销售用户满意的产品的管理活动"。

全面质量管理工作的基本思想是：

（1）为用户服务的思想。企业要千方百计地满足用户的需求，"质量第一，用户至上"应作为企业的座右铭。在企业内部，各部门、各工序间的关系也应看成是生产者与消费者间的关系，不符合质量要求的零部件不送到下一道工序。

（2）预防为主的思想。把产品质量管理的重点，从事后检验转移到事先预防上来，把不合格品消灭在产品质量的形成过程中。

（3）一切用数据说话的思想。要用数理统计的方法大量收集和整理数据，分析问题和提出问题，在制定质量措施计划时，都要拿出具体的数据，做到定量管理。

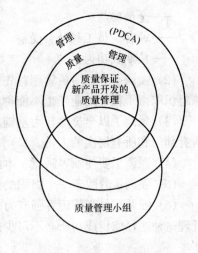

图 1-1　全公司性质量管理

（4）发动群众参与管理的思想。广泛开展群众性的 QC 小组活动和各种形式的质量管理活动，使质量第一的思想深入人心，人人都关心和参加质量管理工作。

全面质量管理的基本特点是：

（1）对全面质量的管理。不仅要管理产品的质量，还要管理过程质量、工作质量，用工作质量来保证过程质量，从而保证产品质量。

（2）全过程的管理。从产品的设计、制造、销售直到使用服务的全过程，都要进行管理。

（3）全员参加的管理。企业中的每个人、每个部门都与企业的产品质量有关，即质量管理人人有责。

（4）全面质量管理又是综合性的管理。利用数理统计的方法、先进的科学技术和现代科学管理方法对质量进行管理。

1994 年，国际标准化组织（ISO）发布了国际标准 ISO 8402《质量管理和质量保证术语》，在该标准中正式定义了全面质量管理（Total Quality Management）："一个组织以质量为中心，以全员参与为基础，目的在于通过让顾客满意和本组织成员及社会受益而达到长期成功的管理途径"。并有以下注释：

（1）"全员"指该组织结构中所有部门和所有层次的人员。

（2）最高管理者强有力和持续的领导以及该组织内所有成员的培训是这种管理途径取得成功所必不可少的。

（3）在全面质量管理中，质量这个概念和全部管理目标的实现有关。

（4）"社会受益"意味着在需要时满足"社会要求"。

（5）有时把全面质量管理（TQM）或它的一部分称为"全面质量"、"TQC"等。

我们可以从以下几个方面来理解 ISO 8402 关于全面质量管理的定义：

（1）全面质量管理是一种管理途径，它具有以下特征：

——以质量为中心；

——全员参与；

——顾客、员工和社会受益；

——长期成功为目的。

(2) 强调了全面质量管理首先要求一个组织必须以质量为中心来开展活动，否则即使该组织取得了很好的业绩也不能称为推行了全面质量管理。

(3) 强调了以全员参与为基础，这是全面质量管理的特色。这里，全员是指该组织中所有部门和所有层次的人员。

(4) 强调了要使顾客满意、本组织成员和社会受益这一指导思想。

(5) 强调了着眼于一个组织的长期成功，而不是为了眼前或短期的效益。

(6) 强调了最高管理者强有力的和持续的领导和全员的教育培训，认为这是全面质量管理这种途径取得成功所必不可少的。

第二节 质量管理的原则

世界著名质量管理专家、美国的朱兰（J. M. Juran）博士在1994年美国质协年会发言："过去的20世纪是生产率的世纪，将要来临的21世纪是质量的世纪"。朱兰博士在此次年会提出看法认为：在未来的质量世纪中，必须在质量管理方面作出革命性的变革，以追求世界级的质量。他谈到革命性的变革的具体内容是：

管理层必须接受质量管理的教育培训；高层经营者必须亲自负责质量管理；经营计划中必须有质量目标；管理质量必须像管理生产一样；必须坚持开展质量改进；高层经营者必须采取新措施，能够在用户满意、质量竞争、生产过程、质量成本方面不断取得进展；员工必须接受培训和必要的授权，使他们能够广泛参与和制定工作计划和改进方案；必须改革奖励机制，充分考虑工作的内容和责任。

通过美国著名质量管理专家朱兰博士观念的阐述，给予我们启示，世界性的质量管理正面临一场变革，需要我们树立现代质量管理的理念，现代质量管理的原则归结为以下具体遵循的原则。

1. 树立大质量概念

朱兰（J.M.Juran）博士在世纪末的告别世界企业界、管理界的演说中提出了一句名言："将要过去的20世纪是生产率的世纪，将要到来的21世纪是质量的世纪"。这就是说如果20世纪就全世界范围和整个世纪来讲，人们重视和追求的是产量、产值和生产效率，是粗放型的。那么，21世纪人们重视和追求的是质量和所产生的效益（包括经济效益和社会效益），是集约型的。这里朱兰博士所说的质量是大质量的概念。大质量概念可以从以下五个方面来理解：

(1) 范畴。质量所研究的对象是事物，事物特性满足某种或某些要求的程度就是质量。事物是无所不包的，因此质量的范畴是十分广义的，即任何事物都有质量，不仅包括产品质量、工程质量、服务质量、工作质量等微观质量，也包括环境质量、人口质量、教育质量、经济运行质量、经济增长质量等宏观质量，这就是从范畴上来理解大质量概念。

(2) 过程。质量不仅是某项事物的结果质量，而事物的过程也存在着质量，即过程质量。一切事物都是若干过程所形成的，其中每一个过程的质量就决定了结果的质量。如一种产品（过程的结果）是由产品需求调研和产品确定、产品设计和开发、产品生产或服务提供、产品检验和测试、产品销售和服务等过程形成的，这些过程的质量就决定了产品质量或顾客对产品的满意程度。又如经济增长质量是由诸多因素和它们对经济增长过程的影响所决定的。因此，大质量概念既包括结果质量又包括过程质量。

（3）组织。对于一个组织（企事业单位、政府机构、人民团体等）来讲，由于质量的综合性和渗透性，组织内部的任何部门、任何岗位和每一个成员都在从事一种或多种工作，都有其工作的质量。也就是说，质量渗透到了一个组织的各项工作中，组织提供给顾客和社会的产品的质量取决于组织各项工作的质量，大质量概念包括了工作质量。

（4）体系。质量概念涉及比较复杂的事物——体系（系统）。任何一个体系，如产品体系、服务体系、管理体系、环境体系、社会体系等都存在着满足某种或某些要求的程度，即都有它的质量。体系是各组成部分相互关联和相互作用的有机整体，体系的质量追求的不是局部的或每一个局部的最优，而是整个体系的最优，并且要十分关注体系的各组成部分之间接口的可靠。这就是大质量概念对体系质量的理解。

（5）特性。任何事物都有与其他事物相区别的特征，即事物的特性。特性分为固有特性和赋予特性，固有特性是指事物本身所具有的特性，如物理的、感官的、时间的、功能的、行为的、人体工效等方面的特性，而赋予特性是指人们所赋予事物的特性。大质量概念不仅包括事物的固有质量特性，也包括事物的赋予质量特性，如产品的价格、经济性和交货期等，它们是满足顾客需求的重要组成部分。这里值得注意的是：GB/T 19000—2000 标准中对质量的定义"一组固有特性满足要求的程度"中没有考虑赋予的质量特性，这是不符合大质量概念的，因此在质量的内涵方面应该超越 ISO 9000。

2. 追求不断地满足和超越顾客、市场和社会的需要

策划、控制、保证和改进质量的目的是为满足和超越顾客、市场和社会的需要，这种需要是随着时间的推移而发生变化的，因此这种满足和超越是动态的，要不断地追求才能得到。

一个企业的活力在于经营，以质量为中心的经营，就是在经营的全部活动中围绕着满足顾客、市场和社会的需要来展开。首先要了解顾客，了解顾客的集合——市场，了解社会相关的发展动态、前景和约束条件，进行有目的的市场调研和产品开发。而确保和提高市场调研和产品开发的质量，是企业以质量为中心的经营的龙头，也是企业质量管理的重点。"企业管理的纲是质量管理"首先体现在这里。

3. 最高管理者对组织开展质量管理活动具有决定性作用。

从质量经营理念出发，把质量工作作为主攻方向是现代企业在市场竞争中立于不败之地的主要因素。"质量管理是企业管理的纲"，纲举目张，一个组织的质量管理是否能有优良的策划和有效的运作，关键在于组织的最高管理层尤其是第一把手对质量的认识和对质量工作的领导。这种领导体现在：第一，要从质量经营的观念出发，制定发布组织的质量方针和质量目标，把它们纳入组织的总方针和总目标，使组织的全体成员对质量方针有深入的理解并发动全员以最大的热情来实现质量目标；第二，要建立强有力的质量工作机构和选派高素质的质量工作人员，全力支持质量机构和人员的工作，并直接过问有关质量的重大决策和发生的重大质量问题；第三，要优先保证为达到和改进质量所要求的人力、设

备和设施、资金和信息等资源；第四，要制定并贯彻有利于保证和提高质量的激励政策和措施，奖优罚劣，充分调动员工的积极性。

4. 以人为本，重视人员的能力与培训教育、参与和激励

科学管理的奠基人，被人们称为科学管理之父的泰勒（F.W.Taylor）对管理理论和实践的发展做出了重大贡献。泰勒科学管理主要内容有以下几个方面：

（1）操作方法标准化。在动作研究的基础上使工序的操作，包括设备、工具、材料等按照要求进行规范。

（2）工时定额。在操作方法标准化的基础上进行时间研究，提出并确定工时定额。

（3）计件工资制。在操作方法标准化和工时定额确定的基础上提出了全新的差别计件工资制。

（4）培训的规范化。在操作方法标准化、工时定额和计件工资制的基础上，提出培训内容（包括理论和实践）均应按统一要求进行，而不是师傅带徒弟的方式。

（5）计划和执行的分离。管理层和技术人员制定计划、设计图纸和文件、确定工艺方法和生产组织，操作者执行。

另一位科学管理的奠基人法约尔（Henri Fayol）提出了管理的一般原则，包括劳动分工、权力与责任、纪律、统一指挥、统一领导、个人利益服从集体利益、合理的报酬、"跳板"原则、秩序、公平、保持人员稳定、首创精神和人员的团结等14条原则，并提出了管理工作的五大要素：计划、组织、指挥、协调和控制。

泰勒的科学管理在于在管理中运用科学方法并实践之，其精髓是用精确的调查研究和科学知识来代替个人的判断和经验，创造了一系列提高生产效率的技术和方法，奠定了管理的基础。法约尔提出的管理的一般原则，特别是对管理五大要素的分析为管理科学提供了一个理论构架。泰勒和法约尔所代表的科学管理最主要的缺陷是不重视人的因素和人的作用，而行为科学的发展正是针对了如何调动人的积极性而展开的。马斯罗（Abraham H. Maslow）的人类需要层次论提出了人类需要的五个层次，即生理需要、安全需要（以上为基本需要）、情感需要、尊重需要和自我实现需要。麦克格里戈（Douglas M.Mcgregor）提出了著名的X理论、Y理论。以马斯罗和麦克格里戈代表的行为科学家认为管理中最重要的因素是对人的管理，因此要研究人、尊重人、关心人，满足人的需要，以人为本调动人的积极性。

近代系统论、控制论、信息论、数理统计、系统工程、运筹学、价值工程和计算机科学的理论和方法的发展和应用，使科学管理有了新的飞跃，并与行为科学结合起来构成了现代管理的构架。现代质量管理是现代管理的主要组成部分，也必然具有满足人的需要和调动人的积极性的人本管理的特色，全面质量管理强调了人员的参与正是现代管理思想的体现。

任何事物都是通过人的工作来完成的，无论科学技术和管理手段怎样发展，设备和设施如何完善，人的素质和能力对质量仍然起着至关重要的作用，特别是科学技术和管理手段的发展、设备和设施的完善也是依靠人来完成的。因此，与时俱进地不断强化组织各类人员的培训，提高人员的素质和能力，是一个组织提升核心竞争力的重要组成部分，也是调动人员积极性和进行激励的重要手段。质量管理始于教育、终于教育，以人为本、重视人员的能力和教育培训是现代质量管理的基本特征之一。

怎样调动人的积极性，全面质量管理推行中的质量管理小组是一种全员参与的极好形式，质量管理小组活动的目的是：

(1) 提高员工素质，激发员工的积极性和创造性。
(2) 改进质量，降低消耗，提高效益。
(3) 建立文明和心情舒畅的生产、服务和工作的现场。

质量管理小组本着团结、友谊、活泼、进取的要求和协作、奉献、求实、创新的精神，采取小、实、活、新的活动方式来开展活动。在质量管理小组活动中应注意：

(1) 重群众参与；　　　　　　　(2) 重思路清楚；
(3) 重过程活动；　　　　　　　(4) 重方法运用；
(5) 重成员作用；　　　　　　　(6) 重成果实效。

面向21世纪，需大力提倡开展尊重人性的质量管理小组、令人感动的质量管理小组、有魅力的质量管理小组活动，使之成为劳动、智慧和科学的结晶。

5．不断进行质量改进

质量改进是质量管理的精髓。朱兰博士把质量职能用"螺旋上升过程"来描绘，螺旋式上升过程的旋转是从产品研究与开发开始的，在这螺旋式的末端，再发动一个新的螺旋式旋转，以进一步改进。质量管理的过程就是质量改进的过程，如图1-2所示。日本著名质量管理专家久米均曾经指出：日本的质量管理可以称为质量改进。

质量改进是为了向本组织及其顾客提供增值效益、在整个组织范围内所采取的提高活动和过程的效果和效率的措施。质量改进的原动力是为了向顾客提

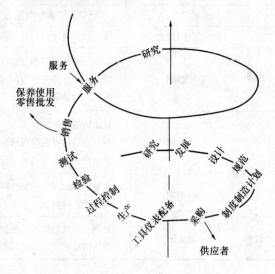

图1-2　质量的螺旋式上升过程

供更高的价值并使顾客满意，与此同时，效果和效率的提高也对组织及其成员和社会都带来利益，并使组织成员得到作贡献、求进步和争先进的机会。

质量改进是通过改进过程来实现的，应不断寻求改进的机会，而不是等待出现问题后再去抓住机会。因此，预防和纠正措施对质量改进至关重要。最高管理者应创造一个持续进行质量改进的环境，确立质量改进目标，组织群众性的参与，广泛的交流与合作，不断地进行继续教育和培训，并认可和激励质量改进的成果。

质量改进的方法和步骤为：

(1) 全组织参与；　　　　　　　(2) 质量改进项目或活动的准备；
(3) 调查可能的原因；　　　　　(4) 确定因果关系；
(5) 采取预防或纠正措施；　　　(6) 确认改进；
(7) 保持成果；　　　　　　　　(8) 持续改进。

已被广泛使用的一些质量改进的工具和技术，见表1-1。

质量改进工具和技术　　　　　　　　　　　表1-1

序号	工具和技术	应用
1	调查表	系统地收集数据，以获取对事实的明确认识
适用于非数字数据的工具和技术		
2	分层图	将大量的有关某一特定主题的观点、意见或想法按组归类
3	水平对比法	把一个过程与那些公认的占领先地位的过程进行对比，以识别质量改进的机会
4	头脑风暴法	识别可能的问题解决办法和潜在的质量改进机会
5	因果图	分析和表达因果关系； 通过识别症状、分析原因、寻找措施，促进问题的解决
6	流程图	描述现有的过程； 设计新过程
7	树图	表示某一主题与其组成要素之间的关系
适用于数字数据的工具和技术		
8	过程(工序)能力分析	评估过程（工序）处于稳定状态下达到质量要求的能力，以改进过程（工序）
9	控制图	诊断：评估过程的稳定性； 控制：决定某一过程何时需要调整及何时需要保持原有状态； 确认：确认某一过程的改进
10	直方图	显示数据波动的形态； 直观地传达有关过程情况的信息； 决定在何处集中力量进行改进
11	排列图	按重要性顺序显示每一项目对总体效果的作用； 排列改进的机会
12	散布图	发现和确认两组相关数据之间的关系； 确认两组相关数据之间预期的关系

这里特别指出，质量管理小组活动在质量改进中是全组织成员参与的极为重要的形式，应特别予以关注。

6. 确立明确的质量方针和质量目标，建设运行有效的质量管理体系

方针是指一个组织在一定时期内的经营方向和活动的指南。质量方针是指由一个组织的最高管理者正式发布的该组织总的质量宗旨和质量方向。质量目标是指一个组织在一定时期内，根据所制定的质量方针提出的期望和取得的最终成果。质量目标是质量方针的具体体现，包括产品质量和质量管理方面的具体项目和目标值。组织的质量方针和质量目标是组织的方针和目标的重要组成部分。

确立明确的质量方针和质量目标的作用在于：

（1）根据顾客、市场和社会的需要确立一个组织在质量和质量管理方面的方针和目标，可以使这个组织有一个为之奋斗的方向和需求，有利于组织的发展。

（2）质量方针和质量目标是作为一个组织向顾客和社会的承诺。

（3）质量方针应为本组织的所有成员所理解，成为组织所有成员的座右铭和行动准则，它将发挥巨大的推动效果。

（4）当质量目标进行逐级分解后，必然使每个部门和人员明确应承担的责任，使工作落到实处。

质量是一个组织各方面工作成效的综合结果，它涉及面广、相关因素交错、约束条件很多，问题十分复杂。为了策划、控制、保证和改进质量，一定要从系统思想出发，形成一个系统。系统是由相互作用和相互依赖的若干部分结合而成的，具有特点、功能和目的的有机整体，而质量管理体系这个系统是为了实施质量管理所需的组织结构、资源和过程。这个体系要有明确和合理的组织机构、职责和它们之间相互的关系；要有一套科学和可行的法规——质量管理体系文件；要有足够和适当的人力、物力和财力资源；要有一个不断运转和持续改进的过程和活动。建设这样一个质量管理体系并使之有效运作，是现代质量管理的一个重要原则。

7. 实行全过程的控制

质量的优劣不是检验出来的，而是通过过程形成的，控制质量必须控制过程。强调"预防为主"，防患于未然，把问题消灭在过程或活动开始之前并在全过程中不间断地进行控制，以保证全过程的质量是我们进行质量管理强调的基本思想。朱兰博士的质量螺旋（见图 1-2）说明了必须对全过程的每一环节进行有效的控制。

质量管理始于控制过程、终于控制过程，是现代质量管理的重要原则。

8. 遵循 PDCA 循环的工作程序

PDCA 循环是戴明博士提出来的概念，即计划、实施、检查、处置四个阶段的循环，也称戴明循环。PDCA 循环是一种科学的思路，一种科学的程序，一种科学的工作方式。PDCA 循环把任何一项工作划分为四个阶段：

（1）计划阶段，用字母 P（Plan）表示。该阶段对工作进行策划，制定目标、计划、规范、标准、图样和技术文件等。

（2）实施阶段，用字母 D（Do）表示。该阶段根据计划阶段的要求进行实施。

（3）检查阶段，用字母 C（Check）表示。该阶段是把实施阶段的结果与计划阶段的要求对比，判定是否达到计划阶段的要求。

（4）处置阶段，用字母 A（Action）表示。该阶段是根据检查阶段得出的结果来采取措施，防止再发生并采取标准化处理。

PDCA 循环如图 1-3（a）所示，它有两个特点。其一为经过每一循环把成功的经验加以肯定，形成标准，失败的教训也要形成标准，以后不允许这样做。没有解决的问题应找出原因，为下一个循环的目标、计划、标准等提供资料。这样，经过一个循环就能提高一步，更上一层楼，如图 1-3（b）所示。其特点之二是无论工作在哪一个阶段，每项工作也都有一个更小的 PDCA 循环。如从全企业来讲，计划设计部门的工作在第一阶段，但这些部门完成其本身的任务又有若干个工作，形成若干个小的 PDCA 循环。总之，每个部门、每个工作人员

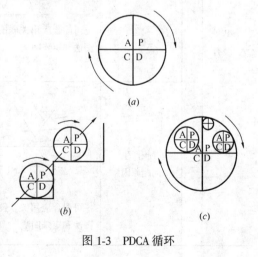

图 1-3　PDCA 循环

都要有 PDCA 循环。这样，在整个企业中，从前工序到后工序，从各级职能部门到生产小组、个人都有 PDCA 循环，形成了大圈套小圈，如图 1-3（c）所示。

应该指出，这四个阶段不是孤立的，不能把它们彼此分开。四个阶段有先后，但又有联系，头尾衔接，犬牙交错。如同一个车轮，车轮向前转动，我们的工作就不停顿的前进。因此，可以认为质量管理就是 PDCA 循环不断地转动。

为了解决和改善质量，可以把 PDCA 循环具体化，分为八个步骤：

(1) 分析现状，找出存在问题；
(2) 分析质量问题的各种原因或影响因素；
(3) 找出影响质量的主要因素；
(4) 针对影响质量的主要因素，制定措施，提出行动计划并预期效果；
(5) 执行措施和计划；
(6) 检查，也就是调查采取措施的效果；
(7) 总结经验，也就是巩固成绩，规定相应标准，防止再发生；
(8) 提出尚未解决的问题。

以上八个步骤所用质量控制技术和方法如表 1-2 所示。

PDCA 循环是具有普遍意义的工作程序，它反映了事物的客观规律，是我们应该遵循的质量管理原则。

解决质量问题步骤表　　　　表 1-2

阶段	步骤	应用的质量控制方法	备注
P（计划）	1 找出存在问题	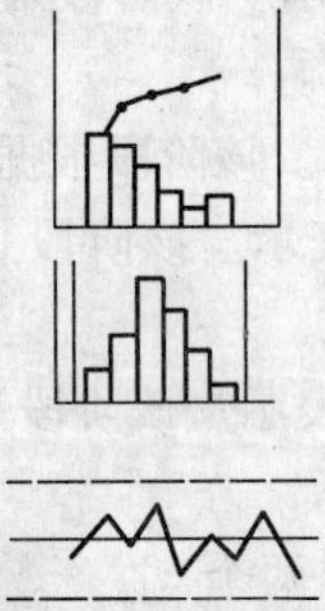 可配合应用关联图法、KJ法、系统图法和矩阵图法	(1) 排列图前面几项（一类问题）应首先予以解决； (2) 频数直方图应观察整个图形状态，并与标准界限比较，即可发现问题； (3) 各种控制图应观察有无超出上、下控制界限的异常点，并分析控制界限内的点有无缺陷
	2 寻找产生问题原因	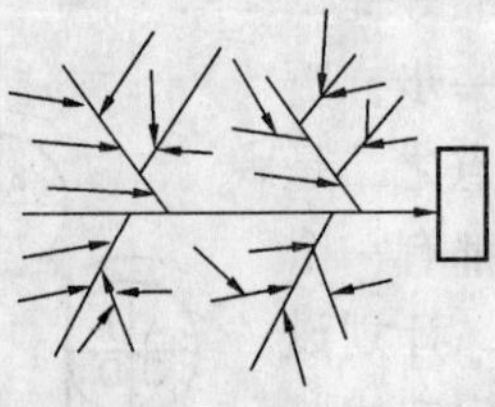 可配合应用关联图法、KJ法、系统图法和矩阵图法	因果图应注意集思广益

续表

阶 段	步 骤	应用的质量控制方法	备 注
P（计划）	3 抓主要矛盾	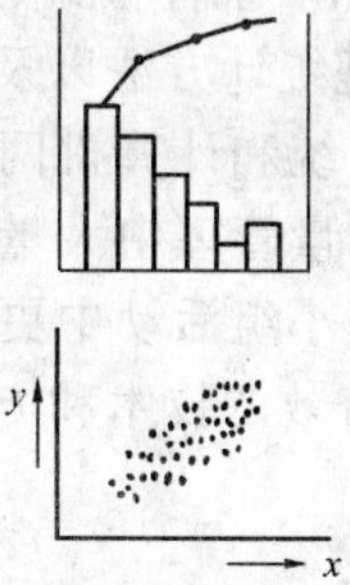 可配合应用矩阵图法	(1) 排列图中，愈是前面的项目影响愈大； (2) 除散布图外，尚有各种相关性分析以及相关系数的计算
	4 制定措施计划	对策表，解决 4W1H Why 必要性 What 目的 Where 地点 Who 承担者 How 方法	
D（实施）	5 采取措施	按计划执行，传达和贯彻措施	
C（检查）	6 调查效果	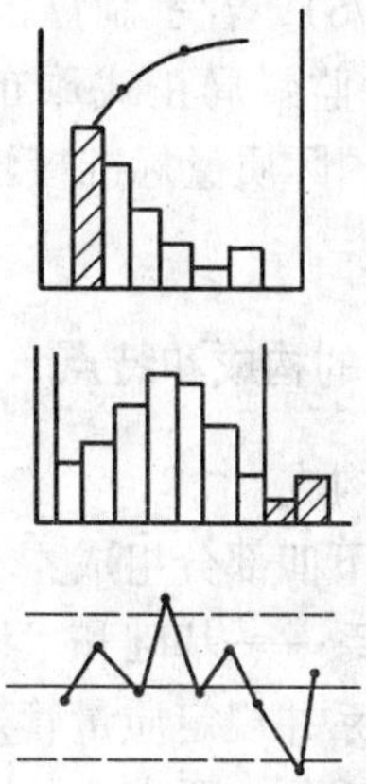	(1) 在排列图中，观察项目排列顺序及柱高有无变化； (2) 在频数直方图中，明显地看出过程能力有所提高（与步骤1比较）； (3) 在控制图中，可知消除了异常点，工序状态恢复正常
A（处置）	7 巩固措施	工作结果标准化，制定或修订新的产品标准或工作标准	
	8 提出尚未解决的问题	反映到下一个循环的计划中	

9. 运用数理统计方法以及其他有效的技术和方法

戴明博士和朱兰博士都强调了数理统计方法以及其他技术和方法在质量管理中的应用。日本在推行全面质量管理过程中总结出质量管理七种工具（数据分层、排列图、因果图、直方图、控制图、散布图和调查表）和新七种工具（关联图法、KJ法、系统图法、矩阵图法、矩阵数据分析法、过程决策程序图法和箭头图法）。另外，还有过程（工序）能力分析、方差分析、相关分析、抽样检查、试验设计、田口方法、质量功能展开、可靠性统计技术、6σ方法等数理统计方法以及其他有效的技术和方法。值得注意的是，这些技术和方法与管理信息系统和计算机网络系统的密切结合，将会发挥更加有效的作用和便捷的途径。在现代质量管理中大量应用了数理统计方法以及其他质量管理技术和方法。特别是在质量管理小组活动中更是离不开这些技术和方法。我们要把正确应用数理统计方法以及其他有效的技术和方法作为现代质量管理的一个应该遵循的原则。

10. 认真评价和控制质量成本

质量成本是指为了确保和保证满意的质量而发生的费用以及没有达到满意的质量所造成的损失。它是企业和产品总成本的一个组成部分。必须不断评价和控制质量成本，把其作为现代质量管理的重要内容和应遵循的原则。

第三节 GB/T 19000族标准与质量管理

随着社会主义市场经济的不断发展，产品质量已成为市场竞争活动的主要内容，如何提高产品质量成为各企业关注的焦点问题。为了更好地推动企业建立和完善质量管理体系，建立国际贸易活动所需要的共同语言和规则，1976年国际标准化组织（ISO）成立了质量管理和质量保证技术委员会（TC 176），着手制订国际间遵循的质量管理和质量保证标准。2000年12月28日国家质量技术监督局正式颁布GB/T 19000—2000（idtISO 9000：2000）标准，使我国的质量管理标准与国际质量标准接轨，更好地发挥ISO 9000族标准的作用。

一、GB/T 19000—2000族核心标准的构成和特点

1. GB/T 19000—2000族核心标准的构成

GB/T 19000—2000族核心标准由以下四部分组成：

（1）GB/T 19000—2000质量管理体系——基础和术语

GB/T 19000—2000表述质量管理体系并规定质量管理体系术语。

（2）GB/T 19000—2000质量管理体系——要求

GB/T 19000—2000规定质量管理体系要求，用于组织证实其具有提供满足顾客要求和适用的法规要求的产品的能力。

顾客是接受产品的组织或个人，既指组织外部的消费者、购物者、最终使用者、零售商、受益者和采购方，也指组织内部的生产、服务和活动中接受前一个过程输出的部门、岗位或个人。顾客是组织存在的基础，顾客的要求应放在组织的第一位。最终的顾客是使用产品的群体，对产品质量感受最深，其期望和需求对于组织意义重大。对潜在的顾客亦不容忽视，如果条件成熟，他们会成为组织的一大批现实的顾客。市场是变化的，顾客是动态的，顾客的需求和期望也是不断发展的。因此，组织要及时调整自己的经营策略，采取必要的措施，以适应市场的变化，满足顾客不断发展的需求和期望，争取超越顾客的需求和期望，使自己的产品或服务处于领先的地位。

实施本原则可使组织了解顾客及其他相关方的需求；可直接与顾客的需求和期望相联系，确保有关的目标和指标；可以提高顾客对组织的忠诚度；能使组织及时抓住市场机遇，做出快速而灵活的反应，从而提高市场占有率，增加收入，提高经济效益。

实施本原则时一般要采取的主要措施包括：全面了解顾客的需求和期望，确保顾客的需求和期望在整个组织中得到沟通，确保组织的各项目标；有计划地、系统地测量顾客满意程度并针对测量结果采取改进措施；在重点关注顾客的前提下，确保兼顾其他相关方的利益，使组织得到全面、持续的发展。

2. 领导作用

领导者建立组织统一的宗旨及方向。他们应当创造并保持使员工能充分参与实现组织目标的内部环境。

一个组织的领导者，即最高管理者是："在最高层指挥和控制组织的一个人或一组人"。领导者要想指挥好和控制好一个组织，必须做好确定方向、策划未来、激励员工、协调活动和营造一个良好的内部环境等工作。领导者的领导作用、承诺和积极参与，对建立并保持一个有效的和高效的质量管理体系，并使所有相关方获益是必不可少的。此外，在领导方式上，领导者要做到透明、务实和以身作则。

在领导者创造的比较宽松、和谐和有序的环境下，全体员工能够理解组织的目标并动员起来去实现这些目标。所有的活动能依据领导者规定的各级、各部门的工作准则以一种统一的方式加以评价、协调和实施。领导者可以对组织的未来勾画出一个清晰的远景，并细化为各项可测量的目标和指标，在组织内进行沟通，让全体员工都能了解组织的奋斗方向，从而建立起一支职责明确、积极性高、组织严密、稳定的员工队伍。

实施本原则时一般要采取的措施包括：全面考虑所有相关方的需求，做好发展规划，为组织勾画一个清晰的远景，设定富有挑战性的目标，并实施为达到目标所需的发展战略；在一定范围内给与员工自主权，激发、鼓励并承认员工的贡献，提倡公开和诚恳的交流和沟通，建立宽松、和谐的工作环境，创造并坚持一种共同的价值观，形成企业的精神和企业文化。

3. 全员参与

各级人员是组织之本，只有他们的充分参与，才能使他们的才干为组织带来收益。

组织的质量管理有赖于各级人员的全员参与，组织应对员工进行以顾客为关注焦点的质量意识和敬业爱岗的职业道德教育，激励他们的工作积极性和责任感。此外，员工还应具备足够的知识、技能和经验，以胜任工作，实现对质量管理的充分参与。

实施本原则可使全体员工动员起来，积极参与，努力工作，实现承诺，树立起工作责任心和事业心，为实现组织的方针和战略做出贡献。

实施本原则一般要采取的主要措施包括：对员工进行职业道德的教育，教育员工要识别影响他们工作的制约条件；在本职工作中，让员工有一定的自主权，并承担解决问题的责任。把组织的总目标分解到职能部门和层次，激励员工为实现目标而努力，并评价员工的业绩；启发员工积极提高自身素质；在组织内部提倡自由地分享知识和经验，使先进的知识和经验成为共同的财富。

4. 过程方法

将活动和相关的资源作为过程进行管理,可以更高效地得到期望的结果。

过程方法或PDCA(P—策划,D—实施,C—检查,A—处置)模式适用于对每一个过程的管理,这是公认的现代管理方法。

过程方法的目的是获得持续改进的动态循环,并使组织的总体业绩得到显著的提高。其通过识别组织内的关键过程,随后加以实施和管理并不断进行持续改进来达到顾客满意。将活动和相关的资源作为过程进行管理,可以更高效地得到期望的结果。

实施本原则可对过程的各个要素进行管理和控制,可以通过有效地使用资源,使组织具有降低成本并缩短周期的能力。可制定更富有挑战性的目标和指标,可建立更经济的人力资源管理过程。

实施本原则一般要采取的措施包括:识别质量管理体系所需要的过程;确定每个过程的关键活动,并明确其职责和义务;确定对过程的运行实施有效控制的准则和方法,实施对过程的监视和测量,并对其结果进行数据分析,发现改进的机会并采取措施。

5. 管理的系统方法

将相互关联的过程作为系统加以识别、理解和管理,有助于组织提高实现目标的有效性和效率。

质量管理的系统方法,就是要把质量管理体系作为一个大系统,对组成质量管理体系的各个过程加以识别、理解和管理,以达到实现质量方针和质量目标。

系统方法可包括系统分析、系统工程和系统管理三大环节。它通过系统地分析有关的数据、资料或客观事实来确定要达到的优化目标;然后通过系统工程,设计或策划为达到目标而应采取的各种资料和步骤,以及应配置的资源,形成一个完整的方案;最后在实施中通过系统管理而取得高有效性和高效率。

实施本原则可使各过程彼此协调一致,能最好地取得所期望的结果;可增强把注意力集中于关键过程的能力。由于体系、产品和过程处于受控状态,组织能向重要的相关方提供对组织的有效性和效率信任。

实施本原则时一般要采取的措施包括:建立一个以过程方法为主体的质量管理体系;明确质量管理过程的顺序和相互作用,使这些过程相互协调;控制并协调质量管理体系的各过程的运行,并规定其运行的方法和程序;通过对质量管理体系的测量和评审,采取措施以持续改进体系,提高组织的业绩。

6. 持续改进

持续改进整体业绩应当是组织的一个永恒的目标。

进行质量管理的目的就是保持和提高产品质量,没有改进就不可能提高。持续改进是增强满足要求能力的循环活动,通过不断寻求改进机会,采取适当的改进方式,重点改进产品的特性和管理体系的有效性。改进的途径可以是日常渐进的改进活动也可以是突破性的改进项目。

坚持持续改进,可提高组织对改进机会快速而灵活的反应能力,增强组织的竞争优势;可通过战略和业务规划,把各项持续改进集中起来,形成更有竞争力的业务计划。

实施本原则时一般要采取的措施包括:使持续改进成为一种制度;对员工提供关于持续改进的方法和工具的培训,使产品、过程和体系的持续改进成为组织内每个员工的目标;为跟踪持续改进规定指导和测量的目标,承认改进的结果。

7. 基于事实的决策方法

有效决策是建立在数据和信息分析的基础上。

对数据和信息的逻辑分析或直觉判断是有效决策的基础。以事实为依据做决策，可以防止决策失误。通过合理运用统计技术，来测量、分析和说明产品和过程的变异性，通过对质量信息和资料的科学分析，确保信息和资料的足够准确和可靠，基于对事实的分析、过去的经验和直觉判断做出决策并采取行动。

实施本原则可增强通过实际来验证过去决策的正确性的能力，可增强对各种意见和决策进行评审、质疑和更改的能力，发扬民主决策的作风，使决策更切合实际。

实施本原则时一般要采取的措施包括：收集与目标有关的数据和信息，并规定收集信息的种类、渠道和职责；通过鉴别，确保数据和信息的准确性和可靠性；采取各种有效方法，对数据和信息进行分析，确保数据和信息能为使用者得到和利用；根据对事实的分析、过去的经验和直觉判断做出决策并采取行动。

8. 与供方互利的关系

组织与供方是相互依存的，互利的关系可增强双方创造价值的能力。

供方提供的产品将对组织向顾客提供满意的产品产生重要影响，能否处理好与供方的关系，影响到组织能否持续稳定地向顾客提供满意的产品。对供方不能只讲控制，不讲合作与利益，特别对关键供方，更要建立互利互惠的合作关系，这对组织和供方来说都是非常重要的。

实施本原则可增强供需双方创造价值的能力，通过与供方建立合作关系可以降低成本，使资源的配置达到最优化，并通过与供方的合作增强对市场变化联合做出灵活和快速的反应，创造竞争优势。

实施本原则时一般要采取的措施包括：识别并选择重要供方，考虑眼前和长远的利益；创造一个通畅和公开的沟通渠道，及时解决问题，联合改进活动；与重要供方共享专门技术、信息和资源，激发、鼓励和承认供方的改进及其成果。

二、质量管理体系的基础

GB/T 19000—2000 标准的"质量管理体系基础"包括两大部分内容。一部分是八项质量管理原则具体应用于质量管理体系的说明，另一部分是对其他问题的说明，又对质量管理体系的某些方面作了指导性说明，起着"承上启下"的作用。

1. 质量管理体系的理论说明

这条是整个质量管理体系基础的总纲。首先说明了质量管理体系的目的就是要帮助组织增进顾客满意，并且以顾客满意程度作为衡量一个质量管理体系有效性的总指标。从组织依存于其顾客的观点出发，说明了顾客对组织的重要性，顾客要求组织提供的产品应能满足他们的需求和期望，但组织需要对顾客的需求和期望进行整理、分析和归纳，并将其转化为产品特性，体现在产品技术标准和技术规范中，顾客对是否可以接受产品有最终决定权，由此可见顾客的重要性。同时说明了顾客对组织持续改进的影响，由于顾客的需求和期望是不断变化的，这就驱使组织持续改进其产品和过程，从而体现了顾客是组织持续改进的推动力之一，持续改进的其他动力分别来自竞争压力和科技进步。说明了质量管理体系的重要作用，质量管理体系采用管理的系统方法，该方法要求组织分析顾客要求，规定为达到顾客要求所必需的过程,并使这些过程处于连续受控状态,实现顾客可以接受的产品。质量管理体系不仅为组织持续改进其整体业绩提供一个框架,使持续改进在体系内正常进行,以增加顾客和其他相关方满意的机会,而且质量体系还能提供内、外部质量保证,向组织(内部)和顾客以及其他相关方(外部)提供信任,使相关方相信组织有能力提供持续满足要求的产品。

2. 质量管理体系要求与产品要求

GB/T 19000—2000族标准,主要根据质量体系和产品两种要求的不同性质把质量体系要求与产品要求加以区分。

GB/T 19001—2000标准是对质量管理体系的要求。这种要求具有通用性,适用于各种行业或经济部门,提供各种类别的产品,包括硬件、软件、服务和流程性材料的各种规模(大型、中型、小型)的组织。但是,每个组织为符合质量管理体系标准的要求而采取的措施却是不同的。因此,每个组织要根据自己的具体情况建立质量管理体系。

GB/T 19000—2000标准对产品并没有提出任何具体的要求。组织应按照标准中"与产品有关的要求的确定"的要求来确定对产品的要求。一般来说,对产品的要求在技术规范、产品标准、过程标准或规范、合同协议以及法律法规中规定。

对每一个组织来说,产品要求与质量管理体系要求缺一不可,不能互相取代,只能相辅相成。

3. 质量方针和质量目标

建立质量方针和质量目标为引导组织提供了关注的焦点。两者确定了预期的结果,并帮助组织利用其资源达到这些结果。质量方针为建立和评审质量目标提供了框架。质量目标需要与质量方针和持续改进的承诺相一致,并且它们的实现需要是可测量的。质量目标的实现对产品质量、作业有效性和财务业绩都有积极性的影响,因此对相关方的满意和信任也产生积极影响。

4. 质量管理体系方法

建立和实施质量管理体系的方法如下:

(1) 确定顾客和相关方的需求和期望;
(2) 建立组织的质量方针和质量目标;
(3) 确定达到质量目标必须的过程和职责;
(4) 确定和提供实现质量目标必需的资源;
(5) 规定测量每个过程的有效性和效率的方法;
(6) 应用这些测量方法确定每个过程的有效性和效率;
(7) 确定防止不合格并消除产生原因的措施;
(8) 建立和应用持续改进质量管理体系的过程。

5. 最高管理者在质量管理体系中的作用

最高管理者通过其领导作用和采取的措施可以创造一个员工充分参与的环境,质量管理体系能够在这种环境中有效运行。最高管理者可将质量管理原则作为发挥其作用的依据,其作用是:①建立组织的质量方针和质量目标;②确保整个组织关注顾客要求;③确保实施适宜的过程以满足顾客要求并实现质量目标;④确保建立、实施和保持一个有效的质量管理体系以实现这些目标；⑤确保获得必要资源；⑥将达到的结果与规定的质量目标进行比较；⑦决定有关质量方针和质量目标的措施；⑧决定改进的措施。

6. 过程方法

任何得到输入并将其转化为输出的活动均可视为过程。

为了使组织有效运行，必须识别和管理许多内部相互联系的过程。通常，一个过程的输出将直接形成下一过程的输入。系统识别和管理组织内所使用的过程，特别是这些过程之间的相互作用，称之为"过程方法"。

GB/T 19000—2000族标准鼓励采用过程方法管理组织。

7. 文件

文件是指"信息及其承载媒体"。

(1) 文件的价值

文件的价值在于传递信息、沟通意图、统一行动，其具体用途是：①满足顾客要求和质量改进；②提供适宜的培训；③重复性（或再现性）和可追溯性；④提供客观证据；⑤评价质量管理体系的有效性和持续适宜性。

(2) 质量管理体系中使用的文件类型

质量管理体系中使用的文件类型主要有质量手册、质量计划、规范、指南、程序、记录等。

文件的数量多少、详略程度、使用什么媒体视具体情况而定，一般取决于组织的类型和规模、过程的复杂性和相互作用、产品的复杂性、顾客要求、使用的法规要求、经证实的人员能力、满足体系要求所需证实的程度等。

8. 质量管理体系评价

(1) 质量管理体系过程的评价

由于质量管理体系是由许多相互关联和相互作用的过程构成的，所以对各个过程的评价是体系评价的基础。在评价质量管理体系时，应对每一个被评价的过程，提出如下四个基本问题：①过程是否已被识别并确定相互关系？②职责是否已被分配？③程序是否得到实施和保持？④在实现所要求的结果方面，过程是否有效？

前两个问题，一般可以通过文件审核得到答案，而后两个问题则必须通过现场审核和综合评价才能得到结论。

对上述四个问题的综合回答可以确定评价的结果。

(2) 质量管理体系审核

审核用于评价对质量管理体系要求的符合性和满足质量方针和目标方面的有效性。审查的结果可用于识别改进的机会。

第一方审核用于内部目的，由组织自己或以组织的名义进行，可作为组织自我合格声明的基础。

第二方审核由组织的顾客或由其他人以顾客的名义进行。

第三方审核由外部独立的审核服务组织进行。这类组织通常是经认可的，提供符合（如：ISO 9001）要求的认证或注册。

ISO 19011 提供了审核指南。

(3) 质量管理体系评审

最高管理者的一项任务是对质量管理体系关于质量方针和目标的适宜性、充分性、有效性和效率进行定期的、系统的评价。这种评审可包括考虑修改质量方针和目标的需求以响应相关方需求和期望的变化。评审包括确定采取措施的需求。

在各种信息源中，审核报告用于质量管理体系的评审。

（4）自我评定

组织的自我评定是一种参照质量管理体系或优秀模式对组织的活动和结果所进行的全面、系统和定期的评审。

使用自我评定方法可提供一种对组织业绩和质量管理体系的成熟程度总的看法，它还能帮助组织识别需要改进的领域并确定优先开展的事项。

9. 持续改进

改进是指为改善产品的特征及特性和（或）提高用于生产和交付产品的过程有效性和效率所开展的活动，它包括：①确定、测量和分析现状；②建立改进目标；③寻找可能的解决办法；④评价这些解决办法；⑤实施选定的解决办法；⑥测量、验证和分析实施的结果；⑦将更改纳入文件。

必要时，对结果进行评审，以确定进一步改进的机会。审核、顾客反馈和质量管理体系评审也可用于识别这些机会。改进是一种持续的活动。

10. 统计技术的作用

使用统计技术可帮助组织了解变化，从而有助于组织解决问题并提高效率。这些技术也有助于更好地利用所获得的数据进行决策。

在许多活动的状态和结果中，甚至是在明显的稳定条件下，均可观察到变化。这种变化可通过产品和过程的可测量特性观察到，并且在产品的整个寿命期（从市场调研到顾客服务和最终处置）的各个阶段，均可看到其存在。

统计技术可帮助测量、表述、分析、说明这类变化并将其形成模型，甚至在数据相对有限的情况下也可实现。这种数据的统计分析能对更好地理解变化的性质、程度和原因提供帮助。从而有助于解决，甚至防止由变化引起的问题，并促进持续改进。

11. 质量管理体系与其他管理体系的关注点

质量管理体系是组织的管理体系的一部分，它致力于使与质量目标有关的输出（结果）适当地满足相关方的需求、期望和要求。质量目标与基本目标相互补充，共同构成组织的目标。其他目标可以是那些与增长、资金、利润、环境及职业健康与安全有关的目标。组织管理体系的各个部分可与质量管理体系整合为一个使用共用要素的管理体系。这将便于策划、资源配置、确定相互补充的目标并评定组织的总体有效性。组织的管理体系可以对照其要求进行评定。管理体系也可以对照国际标准如ISO 9001和ISO 14001的要求进行审核。这些管理体系审核可以分开进行，也可以联合进行。

12. 质量管理体系与优秀模式之间的关系

ISO 9000族标准的质量管理体系方法和组织优秀模式之间的共同之处在于两者所依据的原则相同，而不同之处主要是它们的应用范围不同，如ISO 9000族标准提出了对质量管理体系的要求（ISO 9001）和业绩改进指南（ISO 9004），通过体系评价可确定这些要求是否得到满足，而优秀模式则适用于组织的全部活动和所有相关方。

第四节 建筑工程质量管理

一、施工现场质量管理

(1) 施工现场应备有与所承担施工项目有关的施工技术标准。除各专业工程质量验收规范外，还应有控制质量、指导施工的工艺标准（工法）、操作规程等企业标准。由于企业标准制定的质量指标必须高于国家技术标准的水平，故能确保最终质量满足国家标准的规定。

(2) 健全的质量管理体系是执行国家技术法规和技术标准的有力保证，对建筑施工质量起着决定性的作用。施工现场应建立、健全项目质量管理体系，其人员配备、机构设置、管理模式、运作机制等，是构建质量管理体系的要件，应有效地配置和建立。

(3) 为了确保施工质量能满足设计要求，符合验收规范的要求，施工现场应建立从材料采购、验收、储存，施工过程质量自检、互检、专检，隐蔽工程验收，涉及安全和功能的抽查检验等各项质量检验制度，这是控制施工质量的重要手段。通过各种质量检验，及对施工质量水平进行测评，寻找质量缺陷和薄弱环节，及时制订措施，加以改进，使质量处于受控状态。

二、建筑施工质量控制

(1) 进入施工现场的建筑材料、构配件及建筑设备等，除应检查产品合格证书、出厂检验报告外，尚应对其规格、数量、型号、标准及外观质量进行检查。凡涉及安全、功能的产品，应按各专业工程质量验收规范规定的范围进行复验（试），复验合格并经监理工程师检查认可后方可使用。复验抽样样本的组批规则、取样数量和测试项目，除专业规范规定外，一般可按产品标准执行。

(2) 工序质量是施工过程质量控制的最小单位，是施工质量控制的基础。对工序质量控制应着重抓好"三个点"的控制。首先是设立控制点，即将工艺流程中影响工序质量的所有节点作为质量控制点，按施工技术标准的要求，采取有效技术措施，使其在操作中能符合技术标准要求。其次是设立检查点，即在所有控制点中找出比较重要又能进行检查的点，对其进行检查，以验证所采取的技术措施是否有效，有否失控，以便及时发现问题，及时调整技术措施。再次是设立停止点，即在施工操作完成一定数量或某一施工段时，在作业组或生产台班自行检查的基础上，由专职质量员作一次比较全面的检查，确认某一作业层面的操作质量是否达到有关质量控制指标的要求，对存在的薄弱环节和倾向性的问题及时加以纠正，为分项工程检验批的质量验收打下坚实基础。

(3) 在加强工艺质量控制的基础上，尚应加强相关专业工种之间的交接检验，形成验收记录，并取得监理工程师的检查认可。这是保证施工过程连续、有序，施工质量全过程控制的重要环节。这种检查不仅是对前道工序质量合格与否所作的一次确认，同时也为后道工序的顺利开展提供了保证条件，促进了后道工序对前道工序的产品保护。通过检查形成记录，并经监理工程师的签署确认方有效。这样既保证了施工过程质量控制的延续性，又可将前道工序出现的质量问题消灭在后道工序施工之前，又能分清质量责任，避免不必要的质量纠纷产生。

三、建筑工程施工质量验收

1. 质量验收的依据

(1) 应符合"统一标准"和相关"专业验收规范"的规定。
(2) 应符合工程勘察、设计文件（含设计图纸、图集和设计变更单等）的要求。
(3) 应符合政府和建设行政主管部门有关质量的规定。
(4) 应满足施工承发包合同中有关质量的约定。

2. 质量验收涉及的资格与资质要求

(1) 参加质量验收的各方人员应具备规定的资格。资格既是对验收人员的知识和实际经验上的要求，同时也是对其技术职务、执业资格上的要求。如单位工程观感检查人员，应具有丰富的经验；分部工程应由总监理工程师组织验收，不能由专业监理工程师替代等。

(2) 承担见证取样检测及有关结构安全检测的单位，应为经过省级以上建设行政主管部门对其资质认可和已通过质量技术监督部门计量认证的质量检测单位。

(3) 质量验收均应在施工单位自行检查评定合格后，交由监理单位进行。这样既分清了两者不同的质量责任，又明确了生产方处于主导地位该负的首要质量责任。

(4) 隐蔽工程前应由施工单位通知有关单位进行验收，并填写隐蔽工程验收记录。这是对难以再现部位和节点质量所设的一个停止点，应重点检查，共同确认，并宜留下影像资料作证。

(5) 涉及结构安全的试块、试件及有关资料，应在监理单位或建设单位人员的见证下，由施工单位试验人员在现场取样，送至有相应资质的检测单位进行测试。进行见证取样送检的比例不得低于检测数量的30%，交通便捷地区比例可高些，如北京地区、上海地区规定为100%，太原地区规定为70%。

(6) 对涉及结构安全和使用功能的重要分部工程，应按专业规范的规定进行抽样检测。以此来验证和保证房屋建筑工程的安全性和功能性，完善了质量验收的手段，提高了验收工作准确性。

(7) 检验批的质量应按主控项目和一般项目进行验收。通过这一要求进一步明确了检验批验收的基本范围和要求。

(8) 工程的观感质量应由验收人员通过现场检查，并应共同确认。这一要求强调了观感质量检查应在施工现场进行，并且不能由一个人说了算，而应共同确认。

四、抽样方案与风险

1. 抽样检验及其分类

抽样检验是利用批或过程中随机抽取的样本，对批或过程的质量进行检验，作出是否接收的判决，是介于不检验和百分之百检验之间的一种检验方法。百分之百检验需要花费大量的人力、物力和时间，而且有的检验项目带有破坏性，不允许百分之百检验，因此，有必要采用抽样检验的办法。

抽样检验可按以下几个方面进行分类：

(1) 按检验目的，分为预防、验收、监督抽样检验。
(2) 按检验方式，分为计数、计量抽样检验。
(3) 按抽取样本的次数，分为一次、二次、多次等抽样检验。
(4) 按抽样方案是否调整，分为调整型和非调整型抽样检验。

2. 计数抽样检验

检验批的质量检验，应根据检验项目的特点进行选择。由于计数抽样检验不需作复杂计算，使用方便，故被广泛采用。

计数抽样检验是按照规定的质量标准，把单位产品简单地划分为合格品或不合格品，或者只计算缺陷数，然后根据抽样样本的检查结果，按预先规定的判断准则（如合格率为80%以上），对检验批作出接收或不接收的判定。它不必像计量抽样检验那样进行复杂的计算，再根据统计计算结果（如均值、标准差或其他统计量等）是否符合规定的接收准则，对检验批作出接收与否的判定（如统计法评定混凝土强度）。但它的缺点是，采集的样本量往往比计量抽样检验要多得多。而计量抽样检验由于能较充分地利用样本所提供的信息，样本量比计数抽样检验少得多，但缺点是计算复杂。

采用何种抽样检验方案，除应根据检验项目特点外，尚应考虑对生产方风险（指合格批被判为不合格的概率，即错判概率 α）和使用方风险（不合格批被判为合格的概率，即漏判概率 β）的控制。尽管这两类风险在抽样检验中避免不了，但宜控制在以下水平内：

(1) 对于主控项目，对应于合格质量水平的 α 和 β 均不宜超过5%。
(2) 对于一般项目，对应于合格质量水平的 α 不宜超过5%，β 不宜超过10%。

第五节 排列图与因果图在质量管理中的应用

在质量管理活动过程中，常常需要运用具有简单、实效但又不复杂的方法，利用它以解决施工现场出现的许多实际质量问题。其中，排列图、因果图是我们研究和分析影响质量因素的常用方法。

一、排列图在质量管理中的应用

1. 排列图的概念

在设计生产过程和流通使用过程中，产品出现缺陷、工作出现差错一般是不可完全避免的，进行质量控制的目的就是要把不合格品、缺陷或工作差错减少到最低限度。产品或工作质量出现缺陷当然不是好事，但是，却提供了难能可贵的数据，这些数据是用高昂的经济代价换来的。如果把这些数据加以详细记录、归纳、分析和研究，查明发生缺陷或问题的原因并加以改进，使之不再发生或使发生次数控制在允许范围内，则可使产品或工作质量提高一步，即减少了损失，又降低了成本。

处理各种数据、采取措施来改进质量的方法很多，其中之一是排列图。这种方法是由意大利经济学家巴累托（Poreto）提出的，所以又称巴累托图。后来，排列图由美国质量管理专家朱兰博士（J. M.Juran）引入质量管理中，成为一种简单可行、一目了然的质量管理的重要工具。

把数据按项目分类，按每个项目所包括数据的多少，从大到小进行项目排列并以此作为横坐标,把各项数据发生的频数和所占总数据的百分比作为纵坐标,这样作出的直方图即为排列图。

例如:某项目经理部电气质检员对竣工工程进行检查,发现地下车库电缆线槽质量通病较多,影响竣工长城杯的申报,对其存在的问题经系统排查后,列出的数据如表 1-3 所示。

电缆线槽质量影响项目统计表　　　　　　　　　　　　　　表 1-3

序号	质量影响项目	频　数	频　率（%）
1	支吊架安装的稳定性	15	1.6
2	支吊架的水平间距	11	11.8
3	线槽内电缆的敷设与标识	492	52.5
4	跨接地线的可靠性	111	1.2
5	线槽与槽盖的严密性	309	32.9
合　计		938	100

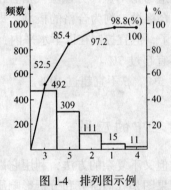

图 1-4 排列图示例

根据表 1-3,作排列图如图 1-4 所示。

2. 排列图的作图步骤

(1) 将用于排列图所记录的数据进行分类。分类方法有多种,可以按工艺过程、缺陷项目、作业班组、品种、尺寸、事故灾害种类分类等。但首先应考虑:

1) 按结果分:即按不合格项目、缺陷类型、事故种类等分类,这种分类只有当工作完毕后才能得出。

2) 按原因分:如缺陷产生的原因是多方面的,可以把数据按原因分类。

(2) 确定数据记录的时间。汇总成排列图的日期没有必要规定期限,只要能够汇总成作业排列图所必须的足够的数据即可。一般取 50 个以上的数据。但收集数据的时间不宜过长,过长时可按一定期限的数据作排列图。

(3) 按分类项目进行统计。统计按确定数据记录的时间来作,汇总成表,以全部项目为 100% 来计算各个项目的百分比,得出频率。

(4) 计算累计频率。按表 1-4 进行。

计　算　表　　　　　　　　　　　　　　　　　　　表 1-4

序号	项目	频数	频率（%）	累计频率（%）
1	A	n_1	$f_1 = \dfrac{n_1}{N} \times 100$	$F_1 = f_1$
2	B	n_2	$f_2 = \dfrac{n_2}{N} \times 100$	$F_2 = F_1 + f_2$
3	C	n_3	$f_3 = \dfrac{n_3}{N} \times 100$	$F_3 = F_2 + f_3$
4	D	n_4	$f_4 = \dfrac{n_4}{N} \times 100$	$F_4 = F_3 + f_4$
5	E	n_5	$f_5 = \dfrac{n_5}{N} \times 100$	$F_5 = F_4 + f_5$
6	其他	n_6	$f_6 = \dfrac{n_6}{N} \times 100$	$F_6 = F_5 + f_6$
总　计		N		$F_6 = 100$

表1-4中，n_1，n_2，…，n_6是按频数大小顺序排列。

(5) 准备坐标纸，画出纵横坐标，注意纵横坐标要均衡匀称。

(6) 按频数大小作直方图。

(7) 按累计比率作排列曲线。

(8) 记载排列图标题及数据简历。

填写标题后还应在空白处写清产品名称、工作项目、工序号、统计期间、各种数据的来源、生产数量、记录者及制图者等项。

作排列图时，纵坐标如有可能，用出现不良项目所损失的金额来表示，则对经济核算来讲更加清晰。

根据表1-4，作排列图如图1-5所示。

3. 排列图的应用实例

例如：某项目经理部电气质检员对隐蔽工程进行检查，发现主体结构顶板上电气工程管路敷设存在质量问题，分别是八角盒稳固不牢、管路绑扎间距过长、管路重叠严重、管口未扫口、套管焊缝不佳和其他问题。电气质检员对本工程两个流水段的甲、乙作业班组在一周内存在的质量因素进行数据统计与分析，如表1-5所示。

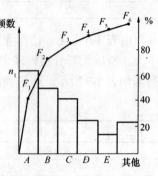

图1-5 排列图

根据表1-5中的数据分别将甲乙两作业班组在一周内不良项目统计后，编制出表1-6的形式。

缺陷情况调查表　　　　　表1-5

组别\日期	1日		2日		3日		4日		5日		6日	
	上午	下午	上午	下午	上午	下午	上午	下午	上午	下午	上午	下午
甲班	··	·	·	···	·	·	·	·	·	···	·	··
	+		+	+ +		+		+	+		+ +	
	○	○	○		○		○		○		○	
	△			△							△	
	□		□							□		
				×						×		×
乙班	··	·	·	·	·	·	·	·	·	·	··	··
	+	+	+	+	+		+				+ +	+
	○	○	○		○		○		○	○		
	△		△		△				△		△	△
				□								
	×						×		×			

注：·—八角盒稳固不牢；+—管路绑扎间距过长；○—管路重叠严重；△—管口未扫口；□—套管焊缝不佳；×—其他。

缺陷项目统计表　　　　　　　　　　　　　表1-6

序号	缺陷项目	甲作业班组	乙作业班组	合计
1	·—八角盒稳固不牢	19	22	41
2	+—管路绑扎间距过长	9	9	18
3	○—管路重叠严重	6	7	13
4	△—管口未扫口	4	6	10
5	□—套管焊缝不佳	3	3	6
6	×—其他	4	3	7
	合　计	45	50	95

由表1-6可见，乙作业班组比甲作业班组缺陷项目频数较多，但缺陷项目的内容差别不大，所以无需分层，确定两个作业班组之和的频数来作排列图。由表1-6数据可作出排列图如表1-7所示。作排列图如图1-6所示，作图时一般应把"其他"一项放在最后。

缺陷项目频数频率统计表　　　　　　　　　表1-7

序号	缺陷项目	频数	频率（%）	累计频率（%）
1	·—八角盒稳固不牢	41	43.2	43.2
2	+—管路绑扎间距过长	18	18.9	62.1
3	○—管路重叠严重	13	13.7	75.8
4	△—管口未扫口	10	10.5	86.3
5	□—套管焊缝不佳	6	6.3	92.6
6	×—其他	7	7.4	100
	合　计	95	100	

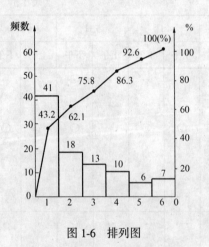

图1-6　排列图

4. 作排列图的注意事项

（1）作排列图时如有必要可按时间、工艺、机具、操作者、环境等进行分层。

（2）可将最主要的问题进一步化小，再作排列图。

（3）对于一些影响较小的问题，如不易分类形成独立项目，则可将它们归入"其他"，最后再加以解决。但如"其他"类频数太多，则需重新考虑加以分类。

二、因果图在质量管理中的应用

1. 因果图的概念

质量管理的目的就是要减少不合格品、降低成本和提高经济效益，控制工程质量和施工质量的波动。但是，在实际施工生产过程中，常常会出现影响工程质量的各种质量问题。为了解决这些质量问题，就需要我们质检员认真查找原因、统计分析、采取措施和持续改进。

一般，质量问题的发生绝非单一因素或三个以下因素所致，而是由多种复杂的因素所致。只有通过我们质检员深入施工现场，积极主动地寻找潜在的质量问题，从众多影响质量的因素进行排查、筛选，才能找出真正起作用的因素。例如电气工程施工质量的波动可能与许多因素有关，使用的原材料、机具、施工工艺标准、操作方法以及操作者的技术水平等。在这种情况下，就要对影响电气工程施工质量的诸多因素加以分析和研究。

因果图就是对问题（即结果）有影响的一些较重要的因素加以分析和分类，并在同一张图上把它们的关系用箭头表示出来，以对因果作明确系统的整理。因果图是从实际经验中编辑而成的。由于因果图形如鱼骨状，又称"鱼骨图"、"鱼刺图"。另外，也称特性要因图。

因果图于1953年首先开始在日本川琦制铁公司使用，后又介绍到其他一些国家，在质量管理中应用很广。

因果图的主要内容有：

(1) 结果（问题或特性）：即工作和生产过程出现的结果，例如尺寸、重量、纯度及强度等质量特性；工时、开动率、产量、不合格品率、缺陷率、事故率、成本、噪声等工作结果。这些特性或结果是期望进行改善和控制的对象。

(2) 原因：即对结果能够施与影响的因素。

(3) 枝干：表示结果与原因之间的关系，也包括原因与原因之间的关系的称为枝干。最中央的干为主干，用双箭头表示；从主干两边依次展开的称为大枝、中枝和细枝，用单线箭头表示。

因果图形状如图1-7所示。

2. 因果图的作图步骤

(1) 决定成为问题的结果（特性），其中包括质量特性或工作结果。结果是需要和准备改善与控制的对象，明确问题并加深理解就显得十分重要。因此，应召集有关人员及对该问题有丰富知识和经验的人员进行讨论，并首先应向参加者说明情况，以便于结合具体问题深入研究，不走过场。单纯凭一两个人意志确定问题是容易出现偏差的。

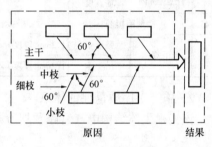

图1-7 因果图形状

在决定成为问题的结果时，在方法上应主要依靠排列图，用统计数据说明问题。在排列图中"柱高的"项目应作为主要的探讨对象，但需对该项目充分研究，确定是否有条件解决以及与解决该项目所付出的代价和效果是否相称。

(2) 作出主干与结果（特性）并选取影响结果的要因。一般解决加工不良或散差等质量特性一类的问题，可将原因大致分为材料、设备、人员、制造和加工、测量方法等大枝。对解决出勤率、噪声等问题时，也应根据具体情况选出大枝。然后，再对大枝的分类项目细究下去，进一步画出中枝和细枝，直到可采取措施处置或发现可预见的原因为止。

3. 因果图的应用实例

例如：北京市某商住楼工程，建筑面积为8.2万m^2，裙房为2层，建筑物檐高为98.6m，工程总造价为2.8亿元。该工程为集办公、住宿、餐饮、服务为一体的公共建筑，该工程质量目标为北京市竣工长城杯，争创国家鲁班奖。

(1) 选题目的

本工程土建结构为框架结构，顶板为现浇混凝土、钢筋结构，顶板厚度为150mm。电气工程各系统齐全，电气管路在吊顶内明敷设，其他部位暗敷设。由于强、弱电各个系统在吊顶内的敷设较多，造成成排管线多达二十几根，管线弯曲部位的煨弯弧度很难达到一致，操作者煨弯用力不均匀，固定间距不一致，管线跨接地线不符合规范标准，直接影响到电气工程的分项（分部）质量评定和感观评定。电气管路施工质量的水平直接影响到北京市结构长城杯、竣工长城杯的评定结果。因此项目部成立QC小组，负责解决这一课题。以达到电气管路敷设质量验收规范标准，确保电气工程分项（分部）质量评定和感观评定为优良，实现"保市优、争国优"的质量目标。

(2) PDCA第一次循环

1) 质量内控标准

该工程主体结构电气管路预埋阶段质量内控标准见表1-8所示。

质量内控标准　　　　表1-8

序号	项　目		弯曲半径	固定间距	允许偏差或检测方式
1	明配钢管	SC15、SC20	≥6D	1.5m	30mm
		SC25～SC32	≥6D	2.0m	40mm
2	弯扁度		≤0.1D		尺量检查
3	明配管任意2m内	平直度			3mm
		垂直度			3mm
4	接地跨接筋		搭接长度为圆钢直径6倍，焊接防腐		尺量检查
5	卡子规格	鞍形卡	1.2mm(厚度)×(管直径+20mm)(长度)×2.5mm(宽度)		尺量检查
		吊卡	1.2mm(厚度)×(管直径+40mm)(长度)×2.5mm(宽度)		尺量检查

2) 施工工序质量保证体系

该工程主体结构电气管路预埋阶段，施工工序质量保证体系见图1-8所示。

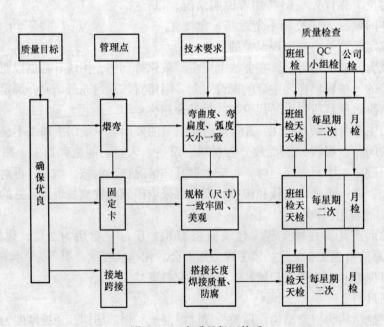

图1-8　工序质量保证体系

3) 调查

项目部专业技术负责人针对吊顶内电气管路明敷设,以及固定吊件制作工艺分析见图1-9所示。制作工艺改进后,电气工程质检员对电气管路煨弯、固定吊件进行了质量检查,主控项目、一般项目均符合质量验收规范标准的要求,允许偏差项目检查数值见表1-9所示。

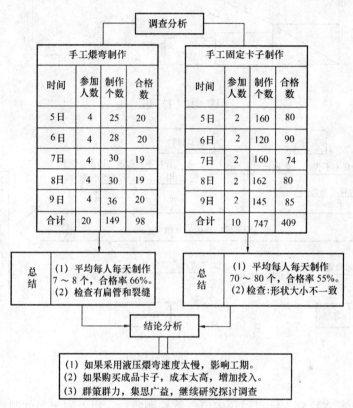

图1-9 调查分析

检查结果　　　　　　　　　　　　　　表1-9

序号	项目	检查数	合格数	不合格数	合格率（%）	累计频率（%）
1	明配钢管弯曲度	60	20	40	33.3	32
2	明配钢管弯扁度	60	30	30	50	56
3	固定卡尺寸	60	35	25	58.3	76
4	固定卡外形质量	60	40	20	66.7	92
5	明配管外观质量	60	50	10	83.3	100
6	合计	300	175	125		

根据调查表绘制排列图,如图1-10所示。

4) 因果分析

项目部专业技术负责人针对吊顶内电气管路明敷设,以及固定吊件制作影响电气工程质量验收的各种因素进行分析,具体分析因素内容见图1-11所示。

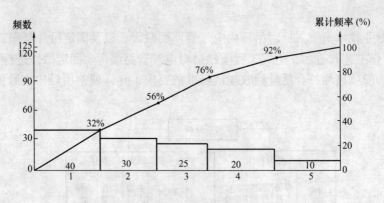

图 1-10 排列图

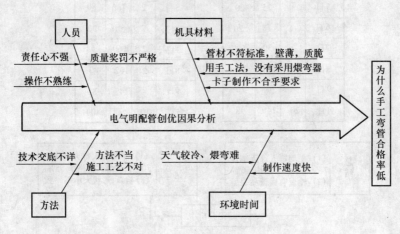

图 1-11 因果分析图

5）对策

项目部专业技术负责人针对吊顶内电气管路明敷设，以及固定吊件制作影响电气工程质量验收的各种因素分析后，采取相应对策，以达到提高施工质量和感观质量，见表 1-10 所示。

对 策 措 施 表　　　　　表 1-10

序号	项目	存 在 问 题	具体对策措施	负 责 人
1	人员	（1）责任心不强，质量意识淡薄。 （2）操作不熟练。 （3）质量奖罚不严格	加强责任心，进行岗前培训教育，实行考核上岗，完善管理制度，制定出奖罚措施	专业技术负责人
2	机具材料	（1）管材不符合质量标准，壁薄，质脆。 （2）用手工法，没有采用煨弯器。 （3）卡子制作不合乎要求	严把进材料关，不合格材料不准进入工地，采用自制的煨弯器进行煨弯，利用制作的鞍形卡机及吊卡机制作卡子	质检员 材料员

续表

序号	项目	存 在 问 题	具体对策措施	负 责 人
3	方法	(1) 技术交底不详。 (2) 施工不当，施工工艺不对	进行分段及班前交底工作，采用自制的机械设备，改进施工工艺	专业技术负责人 施工员
4	环境 时间	(1) 天气较冷，煨弯难度大。 (2) 制作速度快	楼层较高，风大，尽量在低层煨弯，制作进度服从质量	施工员

6) 实施

实施1：针对电气煨弯，QC 小组集思广益，多方征求意见，结合以前的施工经验，各自发表自己的见解。钢管煨弯影响因素主要是弯曲度和弯扁度，用手工煨容易弯曲过大或过小，弧度不一致，造成管安装后不平行，且容易使管子弯扁度过大。故 QC 小组结合以前暖气管煨弯制作的经验，对工具进行了改造，制作了两个切合实际的煨弯器，大大提高了煨弯的质量及速度。

实施2：针对固定卡制作，QC 小组全体人员高度重视，认真研究，广泛探讨，根据以前制作"U"形卡的原理，大家各抒己见，经小组同志反复思索，认真琢磨，改制出一台鞍形卡机和一台吊卡机，使鞍形卡和吊卡的手工制作变为机具制作，由原来每天每人制作 80 个，提高到现在的每人每天制作 400 余个，速度提高了 5 倍之多，且卡子做得规矩、美观。

实施3：新技术、新工艺需新的操作技术，进行岗前培训，实行考核上岗。

制作煨弯及吊卡共 8 人，全部岗前参加培训，合格 6 人，其余 2 人安排送料、下料工作。

经过培训，提高了工人素质；经过分工，做到了责任明确；经过奖优罚劣，增加经济效益。

通过改用自动煨弯器及制作的鞍形卡机和吊卡机，改进了施工工艺，保证管子煨弯的弧度及弯扁度要求，固定卡子规矩，且观感效果较好，收到了预期目的。

(3) PDCA 第二次循环

1) 工艺调查分析，找出存在问题

经过前一阶段的 PDCA 循环以后，解决了电气工程管路明敷设煨弯和固定吊件的问题，项目部专业技术负责人进一步对其他因素进行调查分析，见表 1-11 所示。根据调查表绘制出排列图，如图 1-12 所示。

检 查 结 果　　　　　　　　　　　　　　表 1-11

项次	项　　目	检查数	合格数	不合格数	合格率（%）	累计频率（%）
1	电气明配钢管接地跨接筋	80	50	30	62.5	51.7
2	电气明配钢管间距	80	55	25	68.8	94.8
3	电气明配钢管固定卡	80	78	2	97.5	98.2
4	电气明配钢管煨弯	80	79	1	98.8	100
5	合　　计	320	262	58		

2) 因果分析

项目部专业技术负责人针对吊顶内电气管路明敷设，以及固定吊件制作影响电气工程

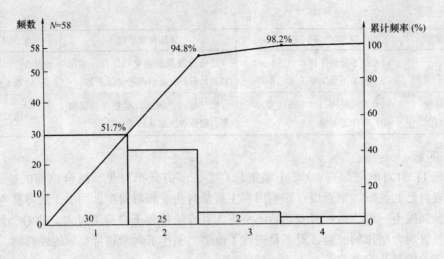

图 1-12 排列图

质量验收的各种因素进一步分析后,绘制出因果分析图见图 1-13 所示。

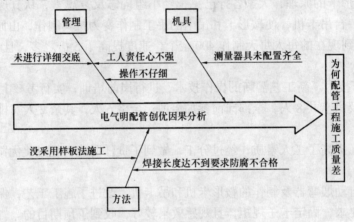

图 1-13 因果分析图

3) 对策

项目部专业技术负责人针对吊顶内电气管路明敷设,以及固定吊件制作影响电气工程质量验收的各种因素进一步分析后,采取相应对策,以达到提高施工质量和感观质量,见表 1-12 所示。

影响因素对策措施表 表 1-12

序号	项目	存 在 问 题	具体对策措施	负责人
1	管理	工人责任心不强,操作不仔细,未及时检查,未进行详细交底	加强教育,加强责任心,进行日检、旬检、月检,进行分步详细交底工作	专业技术负责人
2	机具	测量工具未配齐全	配置齐全	材料员
3	方法	焊接长度达不到要求,防腐不合要求,未用尺标法施工	焊接长度为 $6D$ 以上,且双面焊接,及时进行防腐处理,采用尺标法施工	质检员

4) 实施措施

项目部专业技术负责人针对吊顶内电气管路明敷设，以及固定吊件制作影响电气工程质量验收的各种因素进一步分析后，采取如下措施，以达到提高施工质量和感观质量。

措施1：技术交底一要细，二要及时，三要书面写清交底内容

措施2：检查落实，加强责任心，要严格执行"三检制"，自检→互检→交接检，层层把关，把问题消灭在施工过程中，避免"死后验尸"的检验方法。

措施3：利用班前班后时间，以老带新，学习操作规程，提高技术水平。

措施4：操作采用尺标法，管子安装要均匀、顺直，间距大小要相符，操作工序为：找准基点→做好标线→分出等距离→安装吊管。

措施5：认真执行施工质量验收规范标准的要求，严把质量关。

①跨接地线采用的圆钢搭接长度要达到圆钢直径 D 的6倍以上，且双面焊接。

②焊缝不得有气孔、咬肉、夹渣、漏焊现象，焊缝要均匀、美观。

③跨接地线选用材料要求：SC15、SC20焊接钢管采用$\phi 6$圆钢，SC25、SC32焊接钢管采用$\phi 8$圆钢。

④焊接缝处理，跨接地线焊接完后，要及时清理焊缝处的焊渣，然后刷防锈漆两遍，均匀涂刷，不准遗漏。

5) 对策措施实施效果

通过制定详细的对策措施后，加强了责任心，改进了工艺，严格按规范要求施工，保证了管子的跨接和间距问题，观感上既美观，又符合规范要求。经过多次检查，优良率达95%以上，达到了预期目的。

(4) 循环图

项目部专业技术负责人针对吊顶内电气管路明敷设，以及固定吊件制作影响电气工程质量验收的各种因素进一步分析后，采取对应措施，达到提高施工质量和感观质量的要求。克服了影响北京市结构长城杯、竣工长城杯的各种不利因素，为实现"保市优、争国优"的质量目标奠定了条件。见图1-14所示。

(5) 活动效果

经过公司技术质量部的检查，吊顶内电气管路明敷设，以及固定吊件制作施工质量和感观质量满足了要求。在下一阶段的质量检查中赢得了监理单位专业工程师的好评。

(6) 巩固措施

1) QC小组要坚持活动，不断解决施工过程中出现的质量通病，并把所取得的技术成果加以总结，不断提高施工技术与管理水平。

2) 对项目部电气专业分包施工单位进行规范、标准的培训与学习，打下QC小组活动的良好氛围。

3) 把本工程改进的吊卡机和鞍形卡机在其他项目部进行推广，共同提高建筑电气工程施工质量。

4. 作因果图的注意事项

(1) 结果（特性）要提得具体。如"零件不合格"就不具体，应指出是尺寸不合格还是其他缺陷造成不合格，在尺寸不合格中又要明确哪个尺寸不合格。否则，因果关系不易明确。

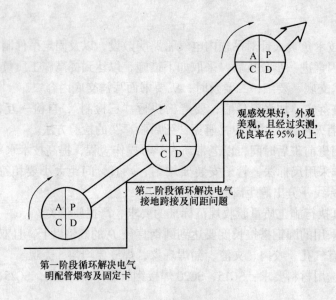

图 1-14 PDCA 循环图

（2）为了改善还是为了维持现状应该明确。改善就是要改变平均值，维持就是要缩小波动。由于寻找因素的着眼点不同，对改善和维持要明确区别。

（3）充分发表意见，分析应尽可能深入细致。因果图的意义就在于防止对问题产生的原因有主观固定的看法，充分发表意见，特别是重视现场人员的意见，则能深入细致地分析所发生的问题，这是解决问题的基础。

（4）一个结果（特性）作一个因果图。如同一零件有两个缺陷项目，则应分别作因果图。

（5）改变思路。对原因的意见难以提出时，改变思路常常可以收到很好的效果，如把寻找提高的因素改变为寻找障碍的因素。

第二章 电气工程施工质量管理

第一节 建筑电气分部(子分部)工程验收

一、建筑电气安装工程的划分

工业与民用配电安装工程作为一个分部工程,又可以划分为室外电气、变配电室、供电干线、电气动力、电气照明、备用和不间断电源、防雷与接地等7个子分部工程。每个子分部工程又可分为若干分项工程,见表2-1。

工业与民用配电安装工程分项工程划分　　　　　表2-1

子分部工程	分　项　工　程
室外电气	(1) 架空线路及杆上电气设备安装; (2) 变压器、箱式变电所安装; (3) 成套配电柜、控制柜(屏、台)和动力、照明配电箱(盘)安装; (4) 电线、电缆导管和线槽敷设; (5) 电线、电缆穿管和线槽敷线; (6) 电缆头制作、导线连接和线路电气试验; (7) 建筑物外部装饰灯具、航空障碍标志灯和庭院路灯安装; (8) 建筑照明通电试运行; (9) 接地装置安装
变配电室	(1) 变压器、箱式变电所安装; (2) 成套配电柜、控制柜(屏、台)和动力、照明配电箱(盘)安装; (3) 裸母线、封闭母线、插接式母线安装; (4) 电缆沟内和电缆竖井内电缆敷设; (5) 电缆头制作、导线连接和线路电气试验; (6) 接地装置安装; (7) 避雷引下线和变配电室接地干线敷设
供电干线	(1) 裸母线、封闭母线、插接式母线安装; (2) 桥架安装和桥架内电缆敷设; (3) 电缆沟内和电缆竖井内电缆敷设; (4) 电线、电缆导管和线槽敷设; (5) 电线、电缆穿管和线槽敷线; (6) 电缆头制作、导线连接和线路电气试验; (7) 插座、开关

续表

子分部工程	分 项 工 程
电气动力	(1) 成套配电柜、控制柜（屏、台）和动力、照明配电箱（盘）安装； (2) 低压电动机、电加热器及电动执行机构检查、接线； (3) 低压电气动力设备检测、试验和空载运行； (4) 桥架安装和桥架内电缆敷设； (5) 电线、电缆导管和线槽敷设； (6) 电线、电缆穿管和线槽敷设； (7) 电缆头制作、导线连接和线路电气试验； (8) 插座、开关、风扇安装
电气照明	(1) 成套配电柜、控制柜（屏、台）和动力、照明配电箱（盘）安装； (2) 电线、电缆导管和线槽敷设； (3) 电线、电缆穿管和线槽敷线； (4) 槽板配线； (5) 钢索配线； (6) 电缆头制作、导线连接和线路电气试验； (7) 普通灯具安装； (8) 专用灯具安装； (9) 建筑物外部装饰灯具、航空障碍标志灯和庭院路灯安装； (10) 插座、开关、风扇安装； (11) 建筑照明通电试运行
备用和不间断电源	(1) 成套配电柜、控制柜（屏、台）和动力、照明配电箱（盘）安装； (2) 柴油发电机组安装； (3) 不间断电源的其他功能单元安装； (4) 裸母线、封闭母线、插接式母线安装； (5) 电线、电缆导管和线槽敷设； (6) 电线、电缆穿管和线槽敷线； (7) 电缆头制作、导线连接和线路电气试验； (8) 接地装置安装
防雷与接地	(1) 接闪器安装； (2) 避雷引下线安装； (3) 接地装置安装； (4) 变配电室接地干线敷设； (5) 等电位联结、安装

二、分部（子分部）工程检验批的划分

（1）室外电气安装工程中分项工程的检验批，依据庭院大小、投运时间先后、功能区块不同划分。

（2）变配电室安装工程中分项工程的检验批，主变配电室为1个检验批；有数个分变

配电室，且不属于子单位工程的子分部工程，各为1个检验批，其验收记录汇入所有变配电室有关分项工程的验收记录中；如各分变配电室属于各子单位工程的子分部工程，所属分项工程各为1个检验批，其验收记录应为一个分项工程验收记录，经子分部工程验收记录汇入分部工程验收记录中。

（3）供电干线安装工程分项工程的检验批，依据供电区段和电气线缆竖井的编号划分。

（4）电气动力和电气照明安装工程中分项工程及建筑物等电位联结分项工程的检验批，其划分的界区，应与建筑土建工程一致。

（5）备用和不间断电源安装工程中分项工程各自成为1个检验批。

（6）防雷及接地装置安装工程中分项工程检验批，人工接地装置和利用建筑物基础钢筋的接地体各为1个检验批，大型基础可按区块划分成几个检验批；避雷引下线安装6层以下的建筑为1个检验批，高层建筑依均压环设置间隔的层数为1个检验批；接闪器安装同一屋面为1个检验批。

三、分部（子分部）工程验收方法

1. 核查质量验收记录

当验收建筑电气工程时，应核查下列各项质量验收记录，且检查分项工程质量验收记录和分部（子分部）质量验收记录应正确，责任单位和责任人的签章齐全。

（1）建筑电气工程施工图设计文件和图纸会审记录及洽商记录。

（2）主要设备、器具、材料的合格证和进场验收记录。

（3）隐蔽工程记录。

（4）电气设备交接试验记录。

（5）接地电阻、绝缘电阻测试记录。

（6）空载试运行和负荷试运行记录。

（7）建筑照明通电试运行记录。

（8）工序交接合格等施工安装记录。

（9）根据单位工程实际情况，检查建筑电气分部（子分部）工程所含分项工程的质量验收记录，应无遗漏缺项。

2. 抽检部位

当单位工程质量验收时，建筑电气分部（子分部）工程实物质量的抽检部位如下：

（1）大型公用建筑的变配电室，技术层的动力工程，供电干线的竖井，建筑顶部的防雷工程，重要的或大面积活动场所的照明工程，以及5%自然间的建筑电气动力、照明工程。

（2）一般民用建筑的配电室和5%自然间的建筑电气照明工程，以及建筑顶部的防雷工程。

（3）室外电气工程以变配电室为主，且抽检各类灯具的5%。

核查各类技术资料应齐全，且符合工序要求，有可追溯性，各责任人均应签章确认，抽检结果应符合规范规定。

3. 旁站确认制度

为方便检测验收，高低压配电装置的调整试验应提前通知监理和有关监督部门，实行旁站确认。变配电室通电后可抽测的项目主要是：各类电源自动切换或通断装置、馈电线路的绝缘电阻、接地保护（PE）或中性接地保护（PEN）的导通状态、开关插座的接线正确性、漏电保护装置（剩余电流动作保护器）的动作电流和时间、接地装置的接地电阻和由照明设计确定的照度等。抽测的结果应符合规范规定和设计要求。

4．检验方法

（1）电气设备、电缆和继电保护系统的调整试验结果，查阅试验记录或试验时旁站。

（2）空载试运行和负荷试运行结果，查阅试运行记录或试运行时旁站。

（3）绝缘电阻、接地电阻和接地保护（PE）或接中性接地保护（PEN）导通状态及插座接线正确性的测试结果，查阅测试记录或测试时旁站或用适配仪表进行抽测。

（4）漏电保护装置动作数据值，查阅测试记录或用适配仪表进行抽测。

（5）负荷试运行时，大电流节点温升测量用红外线遥测温度仪抽测或查阅负荷试运行记录。

（6）螺栓紧固程度用适配工具做拧动试验；有最终拧紧力矩要求的螺栓用力矩扳手抽测。

（7）需吊芯、抽芯检查的变压器和大型电动机，吊芯、抽芯时旁站或查阅吊芯、抽芯记录。

（8）需做动作试验的电气装置，高压部分不应带电试验，低压部分无负荷试验。

（9）水平度用铁水平尺测量，垂直度用线坠吊线尺测量，盘面平整度用拉线尺测量，各种距离的尺寸用塞尺、游标卡尺、钢尺、塔尺或采用其他仪器、仪表等测量。

（10）外观质量情况目测检查。

（11）设备规格型号、标志及接线，对照工程设计图纸及其变更文件检查。

第二节　施工现场电气工程质量检查要点

一、基本规定

1．建筑电气工程施工现场的安装电工、焊工、起重吊装工和电气调试人员等，按有关要求持证上岗。安装和调试用各类计量器具，应检定合格，使用时在有效期限内。

2．除设计要求外，承力建筑钢结构构件上，不得采用熔焊连接固定电气管路、设备和器具的支架、螺栓等部件；且严禁热加工开孔。

3．额定电压交流 1kV 及以下，直流 1.5kV 及以下的应为低压电器设备、器具和材料；额定电压大于交流 1kV、直流 1.5kV 的应为高压电器设备、器具和材料。

4．建筑电气动力工程的空载试运行和建筑电气照明工程的负荷试运行应按《建筑电气工程施工质量验收规范》（GB 50303—2002）规定执行；依据电气设备的种类、特性，编制试运行方案或作业指导书。

5．动力和照明工程的漏电保护装置应做模拟动作试验。

6．接地（PE）或接零（PEN）支线必须单独与接地（PE）或接零（PEN）干线相连接，不得串联连接。

7. 高压的电气设备和布线系统及继电保护系统的交接试验，必须符合现行国家标准《电气装置安装工程电气设备交接试验标准》（GB 50150—1991）的规定。

8. 低压的电气设备和布线系统的交接试验，应符合《建筑电气工程施工质量验收规范》（GB 50303—2002）的规定。

二、主要设备、材料、成品和半成品进场验收

1. 一般规定

（1）主要设备、材料、成品和半成品进场检验结论应有记录，确认符合规范，才能在施工中应用。

（2）建设单位、监理单位对电气设备、材料的质量有疑义时，可送有资质的试验室进行抽样检测，试验室应出具检测报告，确认符合相关技术标准规定，才能在施工中应用。

（3）依法定程序批准进入市场的新电气设备、器具和材料进场验收，除符合本要求（规范）规定外，还应提供安装、使用、维修和试验要求等技术文件。

（4）进口电器设备、材料进场验收，除符合本要求（规定）外，还应提供商检证明、中文质量证明文件、检测报告以及中文的安装、使用、维修和试验等技术文件。

（5）经批准的免检产品或认定的名牌产品，当进场验收时可不做抽样检测。

（6）材料进场时均须作进场验收记录，经检验不合格的产品严禁进场使用。

2. 低压成套配电柜、控制柜、蓄电池柜、照明、动力配电箱等设备应符合下列规定

（1）查验生产厂家的低压成套开关设备生产秩序与产品质量整顿合格证书、出厂合格证、中国国家强制性产品认证证书（CCC）复印件及试验记录；

（2）外观检查：柜体外表面涂层无划伤痕迹，柜体内轨道上的电气元件紧固无松动现象，二次线排列整齐，尼龙绑绳标识清楚，柜门内侧附有二次接线图，N排与PE排分别设置，不得混用。

3. 接地装置应符合下列规定

（1）按批查验合格证；

（2）钢材（扁钢、圆钢、角钢、钢管）均应使用热浸镀锌材料，其型号、规格应符合设计要求，并有镀锌厂出具的镀锌质量证明书；

（3）外观检查镀锌层覆盖完整、表面无锈斑；

（4）对镀锌质量有疑义时，按批抽样送有资质的试验室进行检测；

（5）接地模块进场应有供货商提供的有关技术说明。

4. 电动机、电加热器、电动执行机构应符合下列规定

（1）查验出厂合格证和随带出厂产品技术文件，实行生产许可证和安全认证制度的产品，应有许可证编号和安全认证标志；

（2）外观检查：有铭牌，附件齐全，电气接线端子完好，设备器件无缺损，涂层完整；

（3）电动机的控制、保护和启动附属设备，应与电动机相配套，并有铭牌、厂名、规格、型号及出厂合格证等有关技术资料。

5. 照明灯具及附件应符合下列规定

（1）查验出厂合格证、检验报告等技术文件；

(2) 外观检查：灯具涂层完整，无损伤，附件齐全。防爆灯具铭牌上有防爆标志和防爆合格证号，普通灯应具有中国国家强制性产品认证证书（CCC）复印件；

(3) 对成套灯具的绝缘电阻、内部接线等性能进行现场抽样检测。灯具的绝缘电阻值不小于2MΩ，内部接线为铜芯绝缘导线，芯线截面积不得小于0.5mm^2，橡胶或聚氯乙烯绝缘导线的绝缘层厚度不小于0.6mm。对游泳池和类似场所灯具（水下灯及防水灯具）的密闭和绝缘性能有疑义时，按批抽样送有资质的试验室检测。

6. 开关、插座、接线盒和风扇及其附件应符合下列规定

(1) 查验出厂合格证，防爆产品有防爆标志和防爆合格证号，实行安全认证制度的产品有国家强制性产品认证（CCC）试验报告证书复印件。

(2) 外观检查：开关、插座面板完整无损、手感良好、零件齐全。风扇无损坏，涂层完整，调速器控制可靠。

(3) 对开关、插座的电气和机械性能进行现场抽样检测。检测规定如下：

1) 不同极性带电部件间的电气间隙和爬电距离不小于3mm；

2) 绝缘电阻值不小于5MΩ；

3) 用自攻锁紧螺钉或镀锌机螺栓安装时，螺钉与软塑固定件旋进长度不小于8mm，软塑固定件在经受10次拧紧完全退出试验后，无松动或掉渣；

4) 镀锌机螺栓与丝扣连接无松动或花丝现象，连续反复拧紧5次后仍可正常使用。

(4) 对开关、插座、接线盒及其面板等塑料绝缘材料阻燃性能有疑义时，按批抽样送有资质的试验室检测。

7. 导线、电缆应符合下列规定

(1) 导线、电缆按批查验合格证，合格证有生产许可证编号，按《额定电压450/750V及以下聚氯乙烯绝缘电缆》GB 5023.1～GB 5023.7标准生产的产品有长城安全认证标志，和中国国家强制性产品认证证书（CCC）复印件。

(2) 外观检查：包装完好，抽检的导线绝缘层完整无损，厚度均匀。电缆无压扁、扭曲现象。耐热、阻燃的导线、电缆外护层有明显标识和制造厂标。

(3) 按制造标准，现场抽样检测绝缘层厚度和圆形线芯的直径；常用的BV型绝缘导线的绝缘层厚度不小于表2-2的规定：

BV绝缘导线的绝缘层厚度　　　　　表2-2

导线截面（mm^2）	1.5	2.5	4	6	10	16	25	35	50	70	95
绝缘层厚度（mm）	0.7	0.8	0.8	0.8	1.0	1.0	1.2	1.2	1.4	1.4	1.6

(4) 对导线、电缆绝缘性能、导线性能和阻燃性能有疑义时，按批抽样送有资质的试验室检测。

8. 导管应符合下列规定

(1) 按批查验合格证。

(2) 外观检查：钢导管无压扁、内壁光滑。非镀锌钢导管无严重锈蚀。镀锌钢导管镀层覆盖完整、表面无锈斑，管缝焊接严密。

(3) 绝缘导管及导管配件无碎裂，绝缘导管及其配件必须由阻燃处理的材料制成，绝缘导管应有阻燃检测报告，其含氧指数不应低于27%的阻燃指标。

(4) 外壁应有间距不大于 1m 的连续阻燃标记和制造厂标。按制造标准现场抽样检测导管的管径、壁厚及均匀度。

9. 镀锌制品应符合下列规定
(1) 按批查验合格证或镀锌厂出具的镀锌质量证明书；
(2) 外观检查：镀锌层覆盖完整、表面无锈斑，无砂眼；
(3) 对镀锌质量有疑义时，按批抽样送有资质的试验室检测。

10. 电缆桥架、线槽应符合下列规定
(1) 查验合格证、产品检验报告；
(2) 外观检查：部件齐全，表面光滑、不变形；钢制桥架涂层完整无锈蚀。

11. 封闭母线、插接母线应符合下列规定
(1) 查验合格证、产品检验报告、国家强制性产品认证（CCC）试验报告证书复印件；
(2) 外观检查：防潮密封良好，各段编号标志清晰，附件齐全，外壳不变形，母线螺栓搭接面平整、镀层覆盖完整、无起皮和麻面；插接母线上的静触头无缺损、表面光滑、镀层完整。

三、接地、防雷装置安装

1. 一般规定
(1) 人工接地装置、利用建筑物基础钢筋的接地装置和接地模块接地装置，必须在地面以上按设计要求位置及数量设测试点。
(2) 测试接地装置的接地电阻值必须符合设计要求。将接地电阻摇测数值乘以季节系数记录在接地电阻测试表 2-3 内。

接地装置的季节系数 Ψ 值　　　　表 2-3

埋深（m）	水平接地体	长度 2~3m 的垂直接地体	备　注
0.5	1.4~1.8	1.2~1.4	埋地接地体
0.8~1.0	1.25~1.45	1.15~1.3	
2.5~1.1	1.0~1.1	1.0~1.1	

注：大地干燥时，则取表中的较小值；比较潮湿时，则取表中较大值。

(3) 接地装置的焊接应全部采用搭接焊，搭接长度应符合下列规定：
1) 扁钢的搭接长度不应小于其宽度的二倍，三面施焊（当扁钢宽度不同时，搭接长度以宽的为准）。
2) 圆钢的搭接长度不应小于其直径的六倍，双面施焊（当直径不同时，搭接长度以直径大的为准）。
3) 圆钢与扁钢连接时，其搭接长度不应小于圆钢直径的 6 倍，双面施焊。
4) 扁钢与钢管；扁钢与角钢焊接时，应紧贴 3/4 钢管表面，或紧贴角钢外侧两面，上、下两面施焊。
5) 焊接点的焊缝应饱满，不得有夹渣、咬肉、虚焊和气孔等缺陷，焊好后应清除药皮，焊点除埋在混凝土内的不做处理外，其他的焊点均需刷沥青做防腐处理。

(4) 变压器室、高低压开关室内的接地干线应有不少于 2 处与接地装置引出干线连接。

(5) 当利用金属构件、金属管道做接地线时，应在构件或管道与接地干线间焊接金属跨接线，跨接线采用 40×4 镀锌扁钢。

(6) 当一个栋号采用多组接地装置分别敷设时，每组接地装置应分别设置断接测试点。

(7) 当一个栋号采用一组接地或综合接地时，接地装置要设置检测点，通常不少于 2 处。

(8) 接地电阻测试点盒口整洁，防腐良好，有防水排水措施，位置应与外墙协调美观，门式开启。

(9) 所有测试点内的接地测试极应是镀锌件或搪锡处理，附件（螺栓、平垫圈、弹簧垫圈、燕尾螺母）齐全。测试点应便于测试，当设计有要求按设计要求做，设计没有要求应暗设时距地 0.5m，明设时距地 1.8m。

2. 人工接地装置安装

(1) 按照设计的接地装置位置开挖沟槽。敷设的接地体顶面埋设深度不小于 0.6m，沟槽宽度不小于 0.6m。圆钢、角钢及钢管接地体应垂直安装。垂直接地体的长度不小于 2.5m，两个水平接地体的间距不小于 5m。水平接地体（40×4 镀锌扁钢）应垂直敷设在沟内。

(2) 埋设接地装置处，遇有白灰或含有腐蚀性土壤时，应改换接地装置的位置，如无法避开时，应做换土处理。

(3) 经检查确认，沟槽符合要求才能打入接地极、敷设接地干线。接地装置隐蔽前专业工长必须会同监理单位检查验收，经检查合格后，方可进行覆土回填，回填土内不应有石块和建筑渣土，回填时需分层夯实。

(4) 用做防雷接地的人工接地装置或接地干线埋设，经人行通道处埋地深度不应小于 1m，并且应采取均压措施，在其上正方铺设卵石或沥青地面。

(5) 接地装置的最小允许规格尺寸见表 2-4 所示。

接地装置的最小允许规格尺寸　　　　表 2-4

种类、规格及单位		敷设位置及使用类别			
		地 上		地 下	
		室 内	室 外	交流电流回路	直流电流回路
圆钢直径（mm）		6	8	10	12
扁钢	截面（mm²）	60	100	100	100
	厚度（mm）	3	4	4	6
角钢厚度（mm）		2	2.5	4	6
钢管管壁厚度（mm）		2.5	2.5	3.5	4.5

(6) 接地极安装时，先将接地极放在沟内中心线上打入地下，锤击接地极顶部时，为防止将顶部打劈，应在接地极的顶端设置防护帽。

(7) 严格控制接地极的垂直度，避免接地体与土壤之间产生缝隙，增加接地电阻。

3. 利用建筑物基础底板钢筋作接地装置安装

（1）土建底板钢筋敷设完成。

（2）按设计图纸要求将作为自然接地装置的基础钢筋进行电气连接，连接处采用 $\Phi 12$ 镀锌圆钢焊接。

（3）当土建结构施工到 $-1.0m$ 时，按设计图标注的位置标高引出 40×4 镀锌扁钢，以供防雷接地电阻的测试。

4. 接地模块安装

（1）按设计位置开挖模块坑，并将接地干线引到模块处，经检查确认，才能相互焊接。

（2）接地模块顶面埋深不应小于 0.6m，接地模块间距不应小于模块长度的 3~5 倍，接地模块埋设基坑，一般为模块外形尺寸的 1.2~1.4 倍，并填写预检记录。

（3）接地模块应垂直或水平就位，不应倾斜设置，保持与原土壤层接触良好。

（4）接地模块应集中引线，用干线把接地模块并联焊接成一个环路，干线的材质与接地模块焊接点的材质应相同，采用热浸镀锌扁钢，引出线不少于 2 处。

5. 防雷装置安装

（1）防雷引下线暗敷设，应按设计要求的位置敷设，利用土建专业主体结构主筋作防雷引下线，引下线不应少于两根，其间距不大于 12m（一级防雷）、18m（二级防雷）、25m（三级防雷）。

（2）利用结构主筋作防雷引下线其钢筋直径应满足设计要求，设计未作要求时，每根结构主筋直径不应小于 $\Phi 12mm$。主筋的连接如采用以下方式，结构主筋接头处可以不进行电气连接：

1）结构主筋采用套筒冷挤压连接；

2）主筋采用电渣压力焊连接；

3）搭接焊；

4）闪光对焊。

（3）一类防雷建筑物（30m），二类防雷建筑物（45m），三类防雷建筑物（高度同二类），其防侧击雷的方法措施。外钢窗、金属栏杆等较大金属物应采取防止侧击雷和等电位的保护措施，应与防雷引下线做可靠连接。

（4）明装避雷网的位置应做在建筑物最外侧女儿墙上，位置一般应敷设在女儿墙的中间，当女儿墙宽度大于 500mm 时，则应将避雷网移向女儿墙的外侧 150~200mm 处，屋面应在避雷网的保护范围之内。

（5）避雷网敷设应平正顺直，焊接采用搭接焊，搭接的钢筋应附在避雷网的下侧，焊接位置宜在两支架中央处。焊接处打磨圆滑，刷一遍防锈漆，两遍银粉。支架高度 120~200mm。

（6）固定点支持件间距均匀，间距不大于 1m，（水平直线部分 0.8~1.0m、垂直直线部分 1.5~3m、从转角中心至支持件的两端 0.3~0.35m）支持件固定牢固、可靠。

（7）避雷网支架安装完成后，应做支架拉力测试，每个支持件应能承受 5kg 的向上垂直拉力。直线段小于 10m 的测试数量，全数测试，大于 10m 的，每 10m 内测试 3 个。支持件经测试造成松动的，应重新用高标号水泥浇筑，待达到强度后逐个进行测试。

(8) 利用屋面金属扶手栏杆做避雷网时，拐弯处应弯成圆弧活弯，栏杆应与防雷引下线做可靠焊接。金属栏杆直线段每隔 16m 与引下线进行一次焊接，如栏杆材料为不锈钢时，将引下线与不锈钢支柱进行焊接。

(9) 所有出屋面的金属管道及金属物均应与引下线做可靠连接。每个高大金属物、金属框架在不同方向应有两处以上的接地点。金属屋面板周边每隔 20m 应利用引下线接地一次。

(10) 建筑物顶部的避雷针、避雷带等必须与顶部外露的其他金属物体连成一个整体的电气通路，且与防雷引下线连接可靠。

(11) 屋面低跨女儿墙上的避雷带到达高跨相邻墙体处，不应开环。

(12) 屋面避雷网在跨越建筑物伸缩、沉降缝时应做煨弯补偿装置。

(13) 玻璃幕墙的金属框架及干挂大理石金属框架的接地，应与防雷引下线预留的接地扁钢进行电气连接，金属框架应水平每隔 16m、垂直 6m 与防雷引下线连接一次。连接处不同金属间应有防电化腐蚀措施。

6. 等电位联结安装

(1) 建筑物等电位联结干线应从与接地装置有不少于 2 处直接连接的接地干线或总等电位箱引出，等电位连结干线或局部等电位箱间的连接线形成环形网络，环形网络应就近与等电位联结干线或局部等电位箱连接。支线间不应串联连接。

(2) 等电位联结的线路最小允许截面应符合表 2-5 规定。

等电位联结的线路最小允许截面　　　　　　　　　　　表 2-5

等电位联结材质	干　线	支　线
铜（mm^2）	16	6
钢（mm^2）	50	16

(3) 总等电位（MEB）端子板宜设置在电源进线或进线配电盘处，端子板安装在端子箱内。等电位联结线及端子板应使用铜质材料。

(4) 各种进户金属管道和电源进线均应做总等电位联结，设备进户管的等电位连结采用钢制卡子与接地线卡接，相邻近管道与接地干线允许用一根 MEB 线连接。

(5) 每个电源进线都需做各自总等电位联结，所有总等电位联结系统之间就近互相连通，使整个建筑物电气装置处于同一电位，即电位差为零。其连接采用焊接方式与接地线联结，焊接处需做防腐处理。

(6) 等电位联结线在地下暗敷时，其导体之间的连接禁止采用螺栓压接。

(7) 建筑内等电位联结各联结导体间的连接可采用焊接、压接和熔接。焊接、熔接部位应做防腐处理。等电位联结端子板应采取螺栓连接，以便拆卸进行定期检测。钢制端子板压接时压接处应进行热搪锡处理。等电位联结用的螺栓、垫圈、螺母一律使用镀锌材料。

(8) 需等电位联结的高级装饰金属部件，应设置专用接线螺栓与等电位联结支线相连接，且有标识；连接处螺母紧固、防松零件齐全。

(9) 暗敷的等电位联结线及其连接处应做隐检记录（及检测报告导电的连续性），连接方式在接地平面附图表示。

(10)当等电位联结线采用钢材焊接时,应采用搭接焊,焊接要求同接地装置安装要求。

7.局部等电位联结

(1)潮湿场所及卫生间的局部等电位联结应包括金属给水排水管、金属浴盆、金属采暖管以及建筑物钢筋网,不包括金属地漏、扶手、浴巾架、肥皂盒等孤立之物。

(2)卫生间内等电位端子板的设置位置应方便检测。抱箍与管道接触处的接触表面须打磨干净,露出未氧化的金属本色,安装完毕后刷防护漆,抱箍内径等于管道外径。

(3)卫生间内LEB(局部等电位)连接线采用BVR-1×4mm² 导线在地面内或墙内穿塑料管暗敷设。

(4)游泳池、喷水池地面下无钢筋时,应敷设电位均衡导线:间距为0.6m,或敷设直径为Φ3的150mm×150mm的钢丝网格;并至少在两处作横向连接,并与等电位联结端子板连接,如地面下敷设采暖管线,电位均衡导线应敷设于采暖管线上方。

8.均压环安装

建筑物高于45m以上的部位,设计未要求时,每隔三层建筑物四周外墙圈梁的外侧结构钢筋与防雷引下线焊接,构成闭合回路,即均压坏。

四、开关、插座、风扇安装

1.插座安装

(1)插座接线应符合下列规定:

1)单相两孔插座,面对插座的右孔或上孔与相线连接,左孔或下孔与零线连接;单相三孔插座,面对插座的右孔与相线连接,左孔与零线连接,上孔与保护接地线连接;

2)单相三孔、三相四孔及三相五孔插座的接地(PE)或接零(PEN)线接在上孔。插座的接地端子不与零线端子连接。同一场所的三相插座,接线的相序一致。

3)接地(PE)或接零(PEN)线在插座间不能串接。

(2)当交流、直流或不同电压等级的插座安装在同一场所时,应有明显的区别,且必须选择不同结构、不同规格和不能互换的插座。配套的插头应按交流、直流或不同电压等级区别使用。

(3)当不采用安全型插座时,托儿所、幼儿园、小学教室等儿童活动场所安装高度不小于1.8m。

(4)特殊情况下插座安装应符合下列规定:

1)当接插有触电危险家用电器的电源插座时,采选用能断开电源带开关的插座面板,开关断开相线;

2)潮湿场所如厨房、卫生间宜选用防潮、防溅型带保护地线触头的插座,安装高度不低于1.5m。

(5)安装的插座面板应紧贴墙面,四周无缝隙,安装牢固,表面光滑无污染,装饰帽齐全;同一场所中高度无明显视差。

(6)安装在同一建筑物内的插座应选用同一品牌系列的产品,插座的位置、标高符合施工图的设计要求。

(7)插座接线正确,漏电试验时,漏电保护器动作灵敏可靠。

(8) 地面插座面板与地面面层齐平或紧贴地面。盖板安装牢固，密封良好。

2. 开关安装

(1) 安装在同一建筑物、构筑物的开关采用同一品牌系列的产品，开关的通、断方向应一致，操作灵活。开关位置应与灯位相对应，控制有序。

(2) 开关安装位置便于操作，开关边缘距门框边缘的距离 0.15~0.2m，在 0.6m 宽及以下柱子或墙体上的开关、插座应取中安装。开关距地面高度 1.3m。多联开关电源不得串接。

(3) 单联开关回火线使用绝缘层为白色的导线，多联开关回火线宜使用绝缘层为白色的导线，且做好各自的标记。

(4) 同一室内相同规格并列安装的开关、插座安装高度应一致，误差不大于 1mm。

(5) 墙体内接线盒或顶板八角盒内清理干净，导线缠绕五圈，导线接头宜用涮锡包头做法。

(6) 厨房、卫生间精装修贴瓷砖的墙面上，开关、插座的布置在瓷砖的几何中央，作到整体布局合理、美观、协调。

3. 风扇安装

(1) 吊扇安装应符合下列规定：

1) 吊扇挂钩预埋位置正确，吊扇挂钩的直径不小于吊扇挂销直径，宜选用不小于 Φ8 的镀锌圆钢；且有防振橡胶垫；挂销的防松零件齐全、可靠；

2) 吊扇扇叶距地高度不小于 2.5m；

3) 吊扇组装时不应改变扇叶角度，扇叶固定螺栓防松零件齐全；

4) 吊杆间、吊杆与电机间螺纹连接，啮合长度不小于 20mm，且防松零件齐全紧固；

5) 吊扇接线正确，当运转时扇叶无明显颤动和扇叶摩擦噪声；

6) 吊扇涂层完整，表面无划痕、无污染，吊杆上下扣碗安装牢固到位；同一室内并列安装的吊扇调速开关标高一致，且控制有序。

(2) 壁扇安装应符合下列规定：

1) 壁扇底座采用尼龙塞或膨胀螺栓固定；尼龙塞或膨胀螺栓的数量不少于 2 个，且直径不小于 8mm，安装牢固可靠。

2) 壁扇防护罩扣紧，当运转时扇叶和防护罩无明显颤动和摩擦噪声。

3) 壁扇下侧边缘距地面高度不小于 1.8m；涂层完整，表面无划痕、无污染，防护罩无变形。

五、低压成套配电柜、配电箱安装

1. 一般规定

(1) 成套配电柜、配电箱内相间线路、相线对零线间绝缘电阻值，馈电线路必须大于 0.5MΩ；二次回路必须大于 1MΩ。

(2) 成套配电柜、配电箱内二次回路交流工频耐压试验，当绝缘电阻值大于 10MΩ 时，用 2500V 兆欧表摇测 1min，应无闪络击穿现象；当绝缘电阻值在 1~10MΩ 时，做 1000V 交流工频耐压试验，时间 1min，应无闪络击穿现象。

(3) 成套配电柜、配电箱内组装的空气开关、断路器，垂直安装时上端接电源下端接负荷。水平安装时左端接电源右端接负荷（面对配电装置）。三极开关接入相线的导线排列为黄、绿、红颜色。

(4) 成套配电柜、配电箱内电器元件检查验收应符合下列规定：
1）控制开关及保护装置的规格、型号符合设计要求；
2）闭锁装置动作准确、可靠；
3）主开关的辅助开关切换动作与主开关动作一致；
4）成套配电柜、配电箱内电气元件的标识、被控设备编号及名称，接线端子有编号，且塑料套管编号清晰、工整、不易脱色；
5）回路中的电子元件不应参加交流工频耐压试验；48V及以下回路可不做交流工频耐压试验。

(5) 低压电器组合应符合下列规定：
1）发热元件安装在散热良好的位置；
2）自动开关的整定值符合设计要求；
3）切换压板接触良好，相邻压板间有安全距离，切换时，不触及相邻的压板；
4）信号回路的信号灯、按钮、光字牌、电铃、事故电钟等动作和信号显示准确；
5）金属外壳需接地（PE）或接零（PEN）的，连接可靠；
6）端子排安装牢固、端子有序号、强电、弱电端子隔离布置，端子规格与芯线截面积大小适配。

(6) 连接柜、屏、台、箱、盘面板上的电器及控制台、板等可动部位的导线应符合下列规定：
1）采用多股软铜芯导线，敷设长度留有适当余量；
2）线束有外套塑料管等加强绝缘保护层；
3）与低区电器连接时，端部绞紧，且有不开口的终端端子或搪锡，不松散、断股；
4）可转动部位的两端用卡子固定。

2. 低压成套配电柜安装

(1) 低压成套配电设备的型钢基础固定点间距不应大于1m。基础型钢稳固后其底部应埋入地面内，不应将基础型钢固定在装饰面上，其顶部宜高出抹平地面10~40mm。基础型钢的安装允许偏差要求：不直度为1mm/m、5mm/全长；不平度为1mm/m、5mm/全长；不平行度为5mm/全长。

(2) 室内进入落地式低压成套配电柜、配电箱内的导管，应排列整齐，管口应高出柜、箱的基础面50~80mm。管口内用防火腻子或石棉线封堵密实。

(3) 低压成套配电柜的金属框架及基础型钢必须接地（PE）或接零（PEN）可靠；装有仪表和操作电器的配电箱、配电柜面门，必须用裸编织铜线或镀银编织线接地，且不得穿绝缘套管，并有标识。

(4) 配电柜内隔离开关、断路器等接线端子的上下部均不得压接其他导线。柜内布线清晰美观，线色正确，接线牢固，PE排应做黄绿相间的标识。柜内电缆头的建议采用热缩法处理，以增加作业空间。

(5) 配电室应安装防火门，门向外敞开，通道照明灯具宜采用应急照明灯具。

(6) 落地式配电柜、配电箱与基础型钢应用镀锌螺栓连接，且防松零件齐全。箱体与

PE线应可靠连接。配电柜基础型钢接地焊接点应明显外露。柜与柜之间连接螺丝两面均应加爪形垫圈或梅花垫圈。

（7）配电柜、配电箱安装垂直度允许偏差为1.5‰，相互间接缝不应大于2mm，成列盘面偏差不应大于5mm。

（8）配电柜总控开关电源侧小线所接的控制仪表小线不应与电源开关上的铜鼻子压在一起，小线应使用线鼻子在铜鼻子上打孔用专用螺栓连接。

（9）配电柜内布线清晰、美观，接线牢固，线色正确。PE排应做黄绿相间的标识。

（10）低压成套配电柜、箱应有可靠的电击保护。柜、箱内保护导体应有裸露的连接外部保护导线的端子，设计无要求时，柜、箱内保护导线最小截面S_p不应小于表2-6的规定。

低压成套配电柜、箱内保护导线最小截面 S_p　　　　　　　　表2-6

相线的截面积 S（mm²）	相应保护导线的最小截面积 S_p（mm²）	相线的截面积 S（mm²）	相应保护导线的最小截面积 S_p（mm²）
$S \leqslant 16$	S	$400 < S \leqslant 800$	200
$16 < S \leqslant 35$	16	$S > 800$	$S/4$
$35 < S \leqslant 400$	$S/2$		

注：S指柜（箱、盘）电源进线相线截面积，且两者（S/S_p）材质相同。

3．照明配电箱安装

（1）照明配电箱安装应符合下列规定：

1）箱内配线整齐，无绞接现象，导线排列整齐，布线顺直，用尼龙绑带绑扎成束，配线应留有适当余度。垫圈下螺钉两侧压的导线截面积应相同，同一端子上导线连接不多于两根，防松垫圈等零件齐全。

2）箱内断路器、漏电保护器动作灵活、可靠，户内带有漏电保护的回路，漏电保护装置动作电流不大于30mA，动作时间不大于0.1s。

3）箱体内，分别设置零线（N）和保护地线（PE）汇流排，零线和保护地线经汇流排配出，压线螺钉应为内六角型，防松垫圈等零件齐全。

4）位置正确，部件齐全，箱体开孔与导管外径适配，暗装配电箱箱盖紧贴墙面，箱体涂层完好。

5）箱体安装牢固，垂直度允许偏差为1.5‰，底边距地面为1.5m，照明配电板底边距地面不小于1.8m。

（2）断路器、漏电保护器接线端子尽量避免双线接点，如有双线接点，顶丝插接双线不等径时应涮锡，螺钉压接双线件应加平垫。垫圈下螺钉两侧压的导线截面积相同，同一端子上导线连接不多于两根。如为多芯铜线须采用套管线鼻压接。压线鼻子应使用（OT）死口鼻子。

（3）导线相色自进箱开始中间不应改变颜色。箱体、二层板均应有专用接地螺钉，二者不得串接，二层板必须使用金属板或阻燃绝缘板，不得用箱体做PE线。

（4）各个控制电器之间不许串接，箱内相线如有裸母线时，应加绝缘盖板防护。住宅内配电箱总断路器应使用双极切断型断路器。导线如需穿管时，应采用防火套管，标明回路用途、编号等。

（5）配电系统图宜贴于箱、柜门内侧。

（6）现浇混凝土墙上暗装配电箱时，应配合主体结构预留好洞口，稳装配电箱时四周墙体如有缝隙，应用豆石混凝土或水泥砂浆填实抹平。墙体保护层太薄时，箱体后部需钉钢板网，用1:2水泥砂浆抹实，防止外墙裂缝，影响墙体外观质量。

六、灯具安装

1. 普通灯具安装

（1）灯具的固定应符合下列规定：

1）灯具重量大于3kg时，应配合主体结构在顶板预留好螺栓或Φ8镀锌圆钢。

2）灯具固定牢固，每个灯具固定用螺钉或螺栓不少于2个。当绝缘台直径在75mm以下时，可用一个螺钉或螺栓固定。圆盘型吸顶灯使用（膨胀螺栓）三点以上固定。

3）日光灯吸顶安装时可不加绝缘台（圆木）。

（2）花灯吊钩圆钢直径不应小于灯具挂销直径，且不应小于6mm。大型花灯的固定及悬吊装置，应按灯具重量的2倍做过载试验。

（3）当灯具距地面高度小于2.4m时，灯具的金属外壳可接近接地（PE）或接零（PEN），并应有专用接地螺栓，且有标识。

（4）当用钢管做灯杆时，钢管内径不小于10mm，钢管厚度不小于1.5mm。

（5）灯具不能直接安装在可燃物体上，当灯具表面高温部位靠近可燃物时，应采取防火隔热措施。固定灯具带电部件的绝缘材料以及提供防触电保护的绝缘材料，应耐燃烧和防明火。

（6）高、低压配电室，设备及母线的正上方，不应安装照明灯具，照明灯应使用吸顶或吊杆式。安装于距配电室边缘（屋顶投影）0.5~1.0m处，管型日光灯宜与柜平行。

（7）当设计无要求时，灯具的安装高度和使用电压等级应符合下列规定：

一般敞开式灯具，灯头对地距离不小于下列数值（采用安全电压时除外）：

1）室外：2.5m（室外墙上安装）；

2）厂房：2.5m；

3）室内：2m；

4）软吊线带升降器的灯具在吊线展开后：0.8m。

（8）危险性较大及特殊危险场所，当灯具距地面高度小于2.4m时，使用额定电压为36V及以下的照明灯具，或有专用保护措施。引向每个灯具的导线线芯最小截面积应符合表2-7的规定。

引向每个灯具的导线线芯最小截面积　　　　表2-7

灯具安装的场所及用途		线芯最小截面积（mm²）		
		铜芯软线	铜线	铝线
灯头线	民用建筑室内	0.5	0.5	2.5
	工业建筑室内	0.5	1.0	2.5
	室外	1.0	1.0	2.5

（9）灯具的外形、灯头及其接线应符合下列规定：
1）灯具及其配件齐全，无机械损伤、变形、涂层剥落和灯罩破裂等缺陷；
2）软线吊灯的软线两端编织保护扣，两端芯线搪锡；当装升降器时，套塑料软管，采用安全灯头；
3）除敞开式灯具外，其他各类灯具灯泡容量在100W及以上者采用瓷质灯头；
4）连接灯具的软线盘扣、搪锡压线，当采用螺口灯头时，相线接于螺口灯头中间的端子上；
5）灯头的绝缘外壳不破损和漏电；带有开关的灯头，开关手柄无裸露的金属部分。
（10）安装在重要场所的大型灯具的玻璃罩，应采取防止玻璃罩碎裂后向下溅落的措施。
（11）安装在室外的壁灯应有泄水孔，绝缘台与墙面之间应有防水措施。
（12）装有白炽灯泡的吸顶灯具，灯泡不应紧贴灯罩；当灯泡与绝缘台间距离小于5mm时，灯泡与绝缘台间应采取隔热措施。同一室内或场所成排安装的灯具，其中心线偏差不应大于5mm。

2. 专用灯具安装

（1）游泳池和类似场所灯具（水下灯及防水灯具）的等电位联结应可靠、且有明显标识，其电源的专用漏电保护装置应全部检测合格。自电源引入灯具的导管必须采用绝缘导管，严禁采用金属或有金属保护层的导管。
（2）应急照明灯具安装应符合下列规定：
1）应急照明灯的电源应有两路电源或灯具内装蓄电池，蓄电池的放电时间不小于30min；
2）应急照明在正常电源断电后，电源转换时间为：疏散照明不大于15s；备用照明不大于15s（金融商店交易所不大于1.5s）；安全照明不大于0.5s；
3）疏散照明由安全出口标志灯和疏散标志灯组成，安全出口标志灯距地高度不低于2m，且安装在疏散出口和楼梯里侧的上方；
4）疏散标志灯安装在安全出口的顶部，楼梯间、疏散走道及其转角处应安装在1m以下的墙面上。不易安装的部位可安装在上部。疏散通道上的标志灯间距不大于20m（人防工程不大于10m）；
5）应急照明线路在每个防火分区有独立的应急照明回路，穿越不同防火分区的线路有防火隔堵措施；
6）疏散标志灯的设置，不影响正常通行，在其周围严禁设置其他用途的疏散标志灯，避免误导；
7）运行中温度大于60℃的应急照明灯具，当靠近可燃物时，采取隔热、散热等防火措施；
8）疏散照明线路采用耐火导线、电缆，穿管明敷或在非燃烧体内穿刚性导管暗敷，暗敷保护层厚度不小于30mm。导线采用额定电压不低于750V的耐火铜芯绝缘导线。

3. 防爆灯具安装

防爆灯具安装应符合下列规定：
1）灯具的防爆标志、外壳防护等级和温度组别与爆炸危险环境相适配；

2）灯具配套齐全，不用非防爆零件替代灯具配件（金属护网、灯罩、接线盒等）；

3）灯具的安装位置离开释放源，且不在各种管道的泄压口及排放口上下方安装灯具；

4）灯具及开关安装牢固可靠，灯具吊管及开关与接线盒螺纹啮合扣数不少于5扣，螺纹加工光滑、完整、无锈蚀，并在螺纹上涂以电力复合脂或导电性防锈脂；

5）开关安装位置便于操作，安装高度1.3m；

6）灯具及开关的外壳完整，无损伤、无凹陷或沟槽，灯罩无裂纹，金属防护网无扭曲变形，防爆标志清晰；

7）灯具及开关的紧固螺栓无松动、锈蚀，密封垫圈完好。

4．建筑物景观照明灯具安装

（1）建筑物景观照明灯具安装应符合下列规定：

1）每套灯具的导电部分对地绝缘电阻值大于2MΩ；

2）在人行道等人员来往密集场所安装的落地式灯具，无围栏防护，安装高度距地2.5m以上；

3）金属构架和灯具的可接近裸露导体及金属软管的接地（PE）或接零（PEN）可靠，且有标识。

（2）建筑物景观照明灯具构架应固定可靠，地脚螺栓拧紧，备帽齐全；灯具的螺栓紧固、无遗漏。灯具外露的导线或电缆应有柔性金属导管保护。

5．建筑物彩灯安装

（1）建筑物顶部彩灯采用有防雨性能的专用灯具，灯罩要拧紧；

（2）彩灯配线管路按明配管敷设，且有防雨功能。管路间、管路与灯头盒间螺纹连接，金属导管及彩灯的构架、钢索等可接近裸露导体接地（PE）或接零（PEN）可靠；

（3）垂直彩灯悬挂挑臂采用不小于10号的槽钢。端部吊挂钢索用的吊钩螺栓直径不小于10mm，螺栓在槽钢上固定，两侧有螺母，且加平垫及弹簧垫圈紧固；

（4）悬挂钢丝绳直径不小于4.5mm，底把圆钢直径不小于16mm，地锚采用架空外线用拉线盘，埋设深度大于1.5m；

（5）垂直彩灯采用防水吊线灯头，下端灯头距离地面高于3m；

（6）建筑物顶部彩灯灯罩完整，无碎裂，彩灯导线导管防腐完好，敷设平整顺直。景观照明灯、航空障碍灯、庭院灯、36V及以下行灯等灯具的安装执行《建筑电气工程施工质量验收规范》（GB 50303—2002）的要求。

七、导线、电缆导管敷设

1．一般规定

（1）各种导管在现浇混凝土内暗敷设，应在底层钢筋绑扎完成，网片钢筋绑扎完成，门、窗位置已放线之后进行配管。导管应在钢筋的里侧敷设，采取钢丝绑扎的方式固定。

（2）导线导管在结构内暗敷设时应减少弯曲，弯曲半径不小于管外径的10倍，当墙与板交接处弯曲半径可小于10倍，管路埋于地下或混凝土内时，其弯曲半径不小于管外径的10倍。导管的弯曲处，不应有褶皱、凹陷和裂缝。弯扁度不大于管外径的0.1倍。

（3）管路超过下列长度应加装接线盒，其位置应便于穿线。无弯时，30m；有一个弯时，20m；有两个弯时，15m；有三个弯时，8m。

（4）垂直敷设的导线导管长度，超过下列长度时应加装接线盒敷设导线，见表2-8所示。

加装接线盒敷设导线　　　　表2-8

序号	导线截面（mm²）	导管长度超过（m）	序号	导线截面（mm²）	导管长度超过（m）
1	50及以下	30	3	120~180	18
2	70~95	20	4	240	15

注：接线盒内应有固定导线的支架，一路导线一固定。

（5）各种导管在砌体上剔槽埋设时，应使用云石机开槽，采用强度等级不小于M10的水泥砂浆抹面保护，暗配的导管埋设深度与建筑物、构筑物表面的距离及保护层厚度不应小于15mm。

（6）吊顶内管路敷设，除灯具和弱电系统设备的接线箱、盒外，不应装设接线盒。线路分支等必须加盒时应留检查孔，接线盒必须单独固定，其朝向应便于检修和接线。吊顶内导线均不得外露，嵌入顶棚内的灯具应管盒到位。

（7）各种管路进入配电箱、接线盒应靠箱体后部整齐开孔，并与管径相吻合，要求一管一孔。

（8）明配导管的安装应符合下列规定：

1）明配的导管应排列整齐，固定点间距均匀，安装牢固。在中端、弯头中点或柜、箱的边缘距离150~500mm范围内设管卡，中间直线段管卡间的最大距离应符合表2-9的规定。

管卡设置的最大距离　　　　表2-9

敷设方式	导管种类	导管直径（mm）				
		15~20	25~32	32~40	50~65	65以上
		管卡间最大距离（m）				
支架或沿墙明敷	壁厚>2mm刚性钢导管	1.5	2.0	2.5	2.5	3.5
	壁厚≤2mm刚性钢导管	1.0	1.5	2.0	—	—
	刚性绝缘导管	1.0	1.5	1.5	2.0	2.0

2）水平或垂直敷设的明配导线保护管，水平或垂直安装的允许偏差为1.5‰，全长偏差不大于管内径的1/2。

3）各种管路明敷设时，管路的弯曲半径不宜小于管外径的4倍。

2. 钢导管敷设

（1）金属导管严禁对口熔焊连接，镀锌和壁厚小于等于2mm的钢导管不得套管熔焊连接。

（2）金属导管内、外壁应做防腐处理；钢导管埋地敷设时应进行豆石混凝土保护或刷两遍沥青油保护；埋设于混凝土内的导管外壁可不做防腐处理。

（3）SC25以下的钢导管进入配电箱时应里外带根母线，管口排列整齐，进入箱盒长度一致。

(4) 直埋于地下的导线导管应使用厚壁钢管。室内干燥场所的导线保护管，可使用薄壁镀锌钢导管。

(5) 金属导管必须接地（PE）或接零（PEN）可靠，并符合下列规定：

1) 镀锌钢导管和可挠性导管不得熔焊跨接接地线，以专用接地卡跨接的两卡间连线为铜芯软导线，截面积不小于 4mm²。

2) 当非镀锌钢导管采用螺纹连接时，连接处的两端焊跨接接地线，螺纹长度是管箍长度的1/2，其螺纹长度外露2~3扣；当非镀锌钢管采用套管连接时套管长度不小于管外径的2.2倍，管与管的对口处应位于套管的中心，套管的焊缝牢固严密。

3) 当镀锌钢导管采用螺纹连接时，连接处的两端用专用接地卡固定跨接接地线，禁止熔焊跨接地线。

(6) 室外埋地敷设的电缆钢导管，埋设深度不应小于0.7m。壁厚小于等于2mm的钢导管不应埋设于室外土壤内。经过道路的导管应加钢管保护，保护管长度大于道路长度2m。

(7) 电缆导管的弯曲半径不应小于电缆最小允许弯曲半径，电缆最小允许弯曲半径见表2-10所示。

电缆最小允许弯曲半径　　　　表2-10

序号	电缆种类	最小允许弯曲半径	序号	电缆种类	最小允许弯曲半径
1	无铅包钢铠护套的橡皮绝缘电力电缆	10D	4	交联聚氯乙烯电力电缆	15D
2	有钢铠护套的橡皮绝缘电力电缆	20D	5	多芯控制电缆	10D
3	聚氯乙烯绝缘电力电缆	10D			

注：D 为电缆外径。

(8) 室外或潮湿场所，钢管端部应增设防水弯头，导线加套保护软管，经弯成滴水弧状后再引入设备的接线盒。与设备连接的钢管管口与地面的距离宜大于200mm。

(9) 室外导管的管口应设置在盒、箱内。在落地式配电箱内的管口，箱底无封板的，管口应高出基础面50~80mm。所有管口在穿入导线、电缆后应作密封处理。

3. 防爆导管敷设

(1) 爆炸危险环境内的防爆导管，应采用镀锌焊接钢管。

(2) 防爆导管不应采用倒扣连接，当连接有困难时，应采用防爆活接头，其接合面应严密。

(3) 防爆导管间及与灯具、开关、线盒、设备之间的连接应采用螺纹连接，螺纹连接处紧密牢固，除设计有特殊要求外，连接处不作跨接接地线，在螺纹上涂以电力复合脂或导电性防锈脂。安装牢固顺直，镀锌层锈蚀或剥落处做防腐处理。

4. 刚性绝缘导管敷设

(1) 绝缘导管敷设应符合下列规定：

1) 管口平整光滑，管与管、管与盒（箱）等器件采用插入法连接时，连接处结合面涂专用粘合剂，接口牢固密封；

2) 直埋于现浇楼板内的刚性绝缘导管，在穿出楼板易受机械损伤的一段，采取导管出楼板处套小段钢管的保护措施；

3）当设计无要求时，埋在墙内或混凝土内的绝缘导管，采用中型以上的导管；

4）沿建筑物、构筑物表面和在支架上敷设的刚性绝缘导管，按设计要求装设温度补偿装置。

（2）明配刚性绝缘导管在穿过楼板易受机械损伤的一段，应采取套钢管保护措施。

（3）刚性绝缘导管进入接线盒、配电箱时应使用专用配件。

5．金属、非金属柔性导管敷设

（1）刚性导管经柔性导管与电气设备、器具连接，柔性导管的长度在动力工程中不大于0.8m，在照明工程中不大于1.2m。

（2）可挠金属导管或其他柔性导管与刚性导管或电气设备、器具间的连接采用专用接头，柔性导管应采用防液型，中间不应有接头，复合型可挠金属管或其他柔性导管的连接处密封良好，防液覆盖层完整无损。

（3）可挠性镀锌金属导管和金属柔性导管应可靠接地，但不能做接地（PE）或接零（PEN）的接续导体。

6．套接紧定式钢导管敷设

（1）套接紧定式钢导管管路弯曲敷设时，弯曲弧度应均匀，焊缝处于外侧。不应有褶皱、凹陷、裂纹、死弯等缺陷，弯扁度不大于管外径的10%。

（2）管路连接的紧定螺钉，应使用专用工具操作，不应敲打、切断、折断螺母。严禁熔焊连接。

（3）当管径为Φ32及以上时连接套管两端的紧定螺钉不应少于2个。管与盒（箱）的连接处，应采用爪形螺纹帽和螺纹管接头锁紧。

（4）套接紧定式钢导管及其金属附件组成的导线管路，当管与管、管与盒连接处可不设置跨接接地线，管路外壳应有可靠接地。管路与接地线不应熔焊连接，并不应作为电气设备接地线。

（5）管路连接处，管材插入连接套管接触应紧密，且应符合下列规定：

1）直管连接时，两管口分别插入直管接头中间，紧贴凹槽处两端，用紧定螺钉定位后，进行旋紧至螺母脱落。

2）弯曲连接时，弯曲管两端管口分别插入套管接头凹槽处，用紧定螺钉定位后，进行旋紧至螺母脱落。

八、管内、线槽内线缆敷设

1．管内线缆敷设

（1）导线、电缆穿管前，应清除管内杂物和积水。管口应有保护措施，接线盒（箱）的垂直管路穿入导线、电缆后，接线盒（箱）内管口应密封，防止异物落入，影响线缆日后的更换。

（2）三相或单相的交流单芯电缆，不得单独穿于钢导管内。

（3）不同回路、不同电压等级和交流与直流的导线，不应穿于同一导管内；同一回路的导线应穿于同一金属管内，且管内导线不得有接头。

（4）同一建筑物、构筑物的导线绝缘层颜色选择应一致，即保护地线（PE）绝缘层颜色选择黄绿相间双色，零线（N）绝缘层颜色选择淡蓝色，A相导线绝缘层颜色选择黄色、B相导线绝缘层颜色选择绿色、C相导线绝缘层颜色选择红色。

（5）同类照明的几个回路，可穿入同一根管内，但管内导线总数不应多于8根。同一交流回路的导线应穿于同一钢管内。导线在管内不应有接头，接头应设在接线盒（箱）内。管内导线的总截面积不应大于管子内径截面积的40%。

（6）导线的芯线应采用焊接、压板压接或套管连接。压板或其他专用夹具，应与导线线芯规格相匹配，紧固件应拧紧到位，防松装置应齐全。套管连接器和液压器压模等应与导线线芯规格相匹配，压接深度、压口模数和压接长度应满足规范标准的要求。

2. 线槽内线缆敷设

（1）导线、电缆在线槽内有一定余量，不能有接头。导线、电缆按回路编号分回路等距离绑扎，绑扎点间距不应大于2m。

（2）同一回路的相线和零线，应敷设于同一金属线槽内。

（3）同一电源的不同回路无抗干扰要求的线路，可敷设于同一线槽内；敷设于同一线槽内有抗干扰要求的线路用隔板隔离，或采用屏蔽导线且屏蔽护套一端接地。

（4）垂直敷设的线槽内电缆排列整齐，间隔均匀，固定牢靠，标识牌填写内容齐全。

（5）电缆的终端头、电缆接头、拐弯处、竖井的每层、人孔井内等地方应设标识牌。标识牌上的字迹应工整、不易脱落，注明线路编号、电缆型号、规格、起讫地点。

3. 导线与设备、器具的连接应符合下列要求

（1）截面为 $6mm^2$ 及以下的单股铜芯线可直接与电气设备和照明器具的端子连接。

（2）截面为 $2.5mm^2$ 及以下的多股铜芯线的线芯应先拧紧搪锡或压接端子后再与电气设备、照明器具的端子连接。

（3）截面为 $16mm^2$ 以上导线与电气设备连接，应采用铜线鼻子过渡，进行连接。线鼻子规格应与导线的规格适配。

九、电缆桥架和线槽安装

1. 桥架安装

（1）金属电缆桥架及其支架和引入或引出的金属电缆导管必须接地（PE）或接零（PEN）可靠，且必须符合下列规定：

1）金属电缆桥架及其支架全长不少于2处与接地（PE）或接零（PEN）干线相连接。

2）非镀锌电缆桥架间连接板的两端跨接铜芯接地线，接地线最小允许截面积不小于 $4mm^2$。

3）镀锌电缆桥架间连接板的两端不跨接接地线，但连接板两端不少于2个有防松螺母或爪形垫圈通过螺栓固定连接。

（2）电缆桥架安装应符合下列规定：

1）直线段钢制电缆桥架长度超过30m，铝合金或玻璃钢制电缆桥架长度超过15m设有伸缩节；电缆桥架跨越建筑物变形缝处设置补偿装置；

2）电缆桥架转弯处的弯曲半径，不小于桥架内电缆最小允许弯曲半径，电缆最小允许弯曲半径见表2-11所示。

电缆最小允许弯曲半径　　　　　　　　表 2-11

序号	电缆种类	最小允许弯曲半径	序号	电缆种类	最小允许弯曲半径
1	无铅包钢铠护套的橡皮绝缘电力电缆	10D	3	聚氯乙烯绝缘电力电缆	10D
			4	交联聚氯乙烯绝缘电力电缆	15D
2	有钢铠护套的橡皮绝缘电力电缆	20D	5	多芯控制电缆	10D

注：D 为电缆外径。

3）当设计无要求时，电缆桥架水平安装的支架间距为 1.5~3m；垂直安装的支架间距不大于 2m；

4）桥架与支架间螺栓、桥架连接板螺栓固定紧固无遗漏，螺母位于桥架外侧；当铝合金桥架与钢支架固定时，有相互间绝缘的防电化腐蚀措施；

5）电缆桥架敷设在易燃易爆气体管道和热力管道的下方，当设计无要求时，与管道的最小净距，符合表 2-12 的规定。

桥架与管道的最小净距（m）　　表 2-12

管道类别		平行净距	交叉净距
一般工艺管道		0.4	0.3
易燃易爆气体管道		0.5	0.5
热力管道	有保温层	0.5	0.3
	无保温层	1.0	0.5

6）敷设在竖井内和穿越不同防火区的桥架，按设计要求位置，有防火隔堵措施；

7）支架与预埋件焊接固定时，焊缝均匀饱满；膨胀螺栓固定时，选用螺栓适配，连接紧固，防松零件齐全。

2．线槽安装

（1）金属线槽不能作设备的接地导体，当设计无要求时，金属线槽全长不少于 2 处与接地（PE）或接零（PEN）干线连接。

（2）非镀锌金属线槽间连接板的两端跨接铜芯接地线，镀锌线槽间连接板的两端不跨接接地线，但连接板两端不少于 3 个有防松螺母或爪形垫圈通过螺栓固定连接。

（3）线槽应安装牢固，无扭曲变形，紧固件的螺母应在线槽外侧。线槽端口入箱时，口边应有 90°折边与箱、柜壁铆固，连接处采用橡胶条防护。

（4）线槽穿电缆竖井的顶板时，顶板洞口四周应设有挡水台，线槽与洞口四周缝隙用防火枕或防火腻子封堵，上部用金属网盖顶，下部用金属板托底。

（5）竖井内线槽盖板每层应断开，方便开启，后背不宜贴墙。

十、封闭母线、插接母线安装

1．母线外观检查：防潮密封良好，各节编号标志清晰，附件齐全，外壳涂层完好。插接母线上的静触头无损伤、表面光滑、镀层完整。

2．支吊架安装

（1）支架和吊架安装时应拉线或吊线锤，以保证成排支架或吊架的横平竖直，并按规定间距设置支架和吊架。

（2）膨胀螺栓固定支架不少于两条。一个吊架应用两根吊杆，固定牢固，丝扣外露 2~4 扣，膨胀螺栓应加平垫和弹簧垫，吊架应用双螺母夹紧。

3．母线节组装

(1) 按照母线排列图，将各节母线、插接开关箱、进线箱运至各安装地点。

(2) 安装前应逐节摇测母线的绝缘电阻，电阻值不得小于 10MΩ。

(3) 按母线排列图，从起始端（或电缆竖井入口处）开始向上，向前安装。

4. 母线安装

(1) 母线垂直安装

1) 在穿越楼板预留洞处先测量好位置，用螺栓将两根角钢支架与母线连接好，再用螺栓套上防振弹簧、垫片，拧紧螺母固定在槽钢支架上。

2) 用水平压板以及螺栓、螺母、平垫片、弹簧垫圈将母线固定在"一"字形角钢支架上。然后逐节向上安装，保证母线的垂直度（用磁力线锤挂垂线），在终端处加盖板，用螺栓紧固。

(2) 母线槽水平安装

1) 水平平卧安装用水平压板及螺栓、螺母、平垫片、弹簧垫圈将母线（平卧）固定于"⌒"形角钢吊支架上。

2) 水平侧卧安装用侧装压板及螺栓、螺母、平垫片、弹簧垫圈将母线（侧卧）固定于"⌒"形角钢支架上。水平安装母线时要保证母线的水平度，在终端加终端盖并用螺栓紧固。

3) 母线槽连接好后，线与母线槽外壳之间采用 $16mm^2$ 软编织铜线做可靠连接。其外壳即连接成为一个接地干线通路。

5. 母线槽穿越电缆竖井的顶板时，顶板洞口四周应设有挡水台，母线槽与洞口四周缝隙用防火枕或防火腻子封堵。

6. 橡胶伸缩套的连接头、穿墙处的连接法兰、外壳与底座之间、外壳各连接部位的螺栓应采用力矩扳手紧固，各接合面应密封良好。

7. 封闭、插接式母线与外壳同心，允许偏差为 ±5mm。各母线节之间连接时，相邻母线节及其外壳对准，连接后不使母线及外壳受额外应力。

8. 母线槽空载试验，支架和封闭、插接式母线的外壳接地（PE）或接零（PEN）连接完成，母线绝缘电阻测试和交流工频耐压试验合格，才能通电。送电空载运行 24h 应无异常现象发生。

十一、照明通电试运行

1. 试运行前导线和电缆的绝缘电阻测试应完成，绝缘电阻值必须符合规范的要求。

2. 单位工程内 220/380V 电源的相序，应自始至终保持一致。

3. 照明系统通电，灯具回路控制应与照明配电箱及回路的标识一致，开关与所控制的灯具方位相对应，螺口灯具的灯芯接相线，风扇的转向及调速开关应正常。

4. 公用建筑照明系统通电连续试运行时间应为 24h，8h 记录一次。

5. 民用住宅照明系统通电连续试运行时间应为 8h。所有照明灯具均应开启，每 2h 记录运行状态一次。

6. 连续试运行时间内应电压、电流正常，导线温升在允许范围内，灯具发光无闪烁现象。

十二、低压电气动力设备试验和试运行

1. 试运行前，电动机应作下列试验和检查
(1) 1kV 以下电动机使用 1kV 摇表摇测，绝缘电阻值不低于 1MΩ；
(2) 1kV 及以上电动机应作交流耐压试验；
(3) 盘动电机转子应转动灵活，无碰卡缺陷；
(4) 电机引出线应相位正确，连接紧密，压接牢固；
(5) 电机金属外壳保护接地连接可靠。
2. 试运行时低压成套配电柜、配电箱的运行电压、电流应正常，各种仪表显示正常。
(1) 电机试运行接通电源后，如发现电动机不能启动或启动时转速很低或声音不正常等现象，应立即切断电源检查原因。
(2) 启动多台电动机时，应按容量从大到小逐台启动，不能同时启动。
3. 先摘掉电动机负荷试通电，检查转向和机械转动有无异常情况；可空载试运行的电动机，时间一般为 2h，记录空载电流，并且检查机身和轴承的温升。
4. 交流电动机在空载状态下，可启动次数及间隔时间应符合产品技术的要求；无要求时，连续启动 2 次的时间间隔不应小于 5min，再次启动应在电动机冷却至常温下。
5. 空载状态运行，应记录电流、电压、温度、运行时间等有关数据，且应符合建筑设备或工艺装置的空载状态运行要求。

第三节 电气工程质量通病与防治措施

一、防雷接地不符合要求

1. 现象：
(1) 引下线、均压环、避雷带搭接处有夹渣、焊瘤、虚焊、咬肉、焊缝不饱满等缺陷。
(2) 焊渣不敲掉、避雷带上的焊接处不刷防锈漆。
(3) 用螺纹钢代替圆钢作搭接钢筋。
(4) 直接利用对头焊接的主钢筋作防雷引下线。
2. 原因分析：
(1) 操作人员责任心不强，焊接技术不熟练。有部分电工班的焊工无特殊工种操作证，或对立焊的操作技能掌握差。
(2) 现场施工管理员对《电气装置安装工程接地装置施工及验收规范》（GB 50169—92）有关规定执行力度不够。
3. 预防措施：
(1) 加强对焊工的技能培训，要求做到搭接焊处焊缝饱满、平整均匀，特别是对立焊、仰焊等难度较高的焊接进行培训。
(2) 增强管理人员和焊工的责任心，及时补焊不合格的焊缝，并及时敲掉焊渣，对焊接处用磨光机打磨，刷防锈漆。

(3) 根据《电气装置安装工程接地装置施工及验收规范》(GB 50169—92) 规定，避雷引下线的连接为搭接焊接，搭接长度为圆钢直径的 6 倍，因此，不允许用螺纹钢代替圆钢作搭接钢筋。另外，作为引下线的主钢筋土建如是对头碰焊的，应在碰焊处按规定补一搭接圆钢。

二、室外进户管预埋不符合要求

1. 现象：

(1) 采用薄壁钢管代替厚壁钢管。

(2) 预埋深度不够，位置偏差较大。

(3) 转弯处用电焊烧弯，水平进户管起弯角度过大，影响电缆的敷设。

(4) 进户管与地下室外墙防水层处理不好。

2. 原因分析：

(1) 材料采购员采购时不熟悉国家规范、标准，对进入施工现场的材料没有按要求，用卡尺或游标卡尺对材料进行检验；操作者不严格按照施工图设计要求选用材料，质量检查员检查不到位，或执行规范和标准不坚决。

(2) 与土建和其他专业队伍配合协调不够。

(3) 没有液压弯管器或不会使用液压弯管器，责任心不强，贪图方便用电焊烧弯。

(4) 预埋进户管的作业者不懂防水技术，又不请防水专业人员帮忙。

3. 预防措施：

(1) 进户预埋进户管必须使用厚壁钢管，并按防水技术要求，在进户管四周做止水环处理。

(2) 加强与土建和其他相关专业的协调和配合，明确室外地坪标高，确保预埋管埋深不少于 0.7m。

(3) 加强对承包单位技术人员和材料采购员有关规范、标准的教育，严格执行材料进场检验与验收这一程序，把好材料验收关。

(4) 预埋钢管上墙的弯头必须用弯管机弯曲，不允许焊接和烧焊弯曲。钢管在弯制后，不应有裂缝和显著的凹痕现象，其弯扁度不宜大于管子外径的 10%，弯曲半径不应小于所穿入电缆的最小允许弯曲半径。

(5) 做好防水处理，请防水专业人员现场指导或由防水专业队做防水处理。

三、焊接钢管（或 PVC 管）敷设不符合要求

1. 现象：

(1) 焊接钢管多层重叠，高出上层钢筋的保护层。

(2) 焊接钢管 2 根或 2 根以上并排紧贴。

(3) 焊接钢管埋墙深度太浅，甚至露出墙体的保护层。管子出现死弯、扁折、凹痕现象。

(4) 电线管进入配电箱，管口在箱内不顺直，露出太长；管口不平整、长短不一；管口与配电箱箱体之间不用镀锌锁母或未锁紧固定。

(5) 预埋 PVC 电线管时不是用塞头堵塞管口，而是用钳夹扁拗弯管口。

2. 原因分析：

（1）施工人员对有关规范不熟悉，工作态度马虎，贪图方便，不按规定执行。施工管理员管理不到位。

（2）建筑设计布置和电气专业设计配合不到位，造成多条管线同时通过同一狭窄平面。

3. 预防措施：

（1）加强对现场施工人员施工过程的质量控制，对操作者进行针对性的培训工作；专业技术人员要熟悉施工验收规范标准，作到过程控制，对作业面实行"三检制"从严管理。

（2）电气管线多层重叠一般出现在高层建筑的公共区域。当楼门住户超过二户以上，建议电气专业技术人员采取技术措施，使众多的电气管线分散布置，主干管沿墙体垂直敷设，水平面均匀分布层照明配电箱的管线，尽量减少和杜绝同一水平面多根管线重叠交叉现象。

（3）预留电气管线并排紧贴，未留作业空间，配电箱箱体安装时不能保证安装质量。在预埋预留阶段，可用绑扎丝绑牢管线，并使管线保持 20～30mm 间距。

（4）电气管线埋入混凝土顶板，离其表面的距离不应小于 15mm；弱电管线埋入混凝土顶板，离其表面的距离不应小于 30mm，管线敷设要"横平竖直"。

（5）电气管线的弯曲半径（暗埋）不应小于钢管外径的 10 倍，管子弯曲要用煨管器或液压弯管机使钢管煨弯处平整光滑，不出现扁折、凹痕等缺象。

（6）电气管线进入配电箱要平齐、间距一致，露出螺纹为 3 扣，管口要用护套锁紧，与箱壳紧贴。

（7）预埋 PVC 电线管时，禁止用钳将管口夹扁、拗弯，应用符合管径的 PVC 塞头封堵口，或用塑料胶布绑扎牢固，防止异物进入管内。

四、导线的接线、连接质量和色标不符合要求

1. 现象：

（1）多股导线不采用铜接头，直接做成"羊眼圈"状，但又不扩孔涮锡。

（2）开关、插座、配电箱内的接线端或接线端子在连接时，一个端子上接几根导线。

（3）软线头线丝分散外裸露或硬线芯裸露过长，导线排列不整齐，捆绑不牢，接线端子压接不牢，压接处塑封颜色不规范。

（4）导线的相线（A、B、C）、零线（N）、接地保护线（PE）塑料绝缘层颜色不一致，或者混淆。

2. 原因分析：

（1）作业者未熟练掌握导线的接线工艺和电气工程施工质量验收规范标准。

（2）材料采购员没有按材料计划备足所需的各颜色、规格型号导线的数量，或者作业者为节省材料，降低成本而混用。

（3）作业前，专业技术人员技术交底落实不到位。质量过程控制，专业技术人员过程检查不到位。"三检制"流于形式，未能真正落实到行动上。

3. 预防措施：

（1）加强对作业者规范的学习和技能的培训工作。

(2) 多股导线的连接,应采用镀锡铜接头压接。

(3) 在接线柱和接线端子上的导线连接应"一孔一芯"压接,如需接两根,应用铜套管或铜母线过渡后压接;不允许3根以上导线连接。

(4) 导线编排要横平竖直,剥线头时应保持各线头长度一致,导线插入接线端子后不应有过长裸露导体;铜接头与导线连接处要用与导线颜色一致的塑封带包扎。

(5) 开关、插座、配电箱内的接线端子空间较大时,导线应回头后,插入接线端子并压实。

(6) 材料采购人员一定要按专业技术人员提供的材料计划采购材料,满足施工进度对材料的需求。

(7) 作业者穿线时,应清楚分清相线、零线(N)、接地保护线(PE)的色标,即A相-黄色,B相-绿色,C相-红色;单相时一般宜用红色;零线(N)应用浅蓝色或蓝色;接地保护线(PE线)必须用黄绿双色导线;灯头引入开关盒的控制线宜用白色。

五、配电箱的安装、配线不符合要求

1. 现象:

(1) 箱体与墙体有缝隙、裂纹,并有空鼓现象,箱体不平直。

(2) 箱体内的杂物清理不干净。

(3) 箱体内侧开孔不符合规范要求,特别是用电焊或气焊开孔,破坏箱体的保护层,破坏箱体的美观。

(4) 落地的动力箱接地不明显(做在箱底下,不易发现),接地线截面积不够。箱体内线头裸露,绑扎不整齐,回路无标识。

(5) 电气设备进场、安装、调试记录不齐全。

2. 原因分析:

(1) 安装箱体时与土建配合不够,土建补缝填实不饱满,箱体安装时没有用水平尺校正。

(2) 配电箱箱体安装完后,作业者未认真将箱内的杂物清理干净。

(3) 箱体的"敲落孔"开孔与进线钢管不匹配时,必须用机械开孔或送回生产厂家要求重新加工。加工订货前,专业技术人员未把箱体的外形尺寸严格写入合同,由厂家自行设计与加工生产。

(4) 专业技术人员检查力度不够。

(5) 掌握电气工程施工质量验收规范标、建筑电气标准强制性条文不透彻,动力箱的箱体接地位置和接地导线必须明确显露出来。S 指配电柜、箱电源相线(进线)的截面积,配电柜、箱内保护线最小截面积 S_p 不应小于表2-13的规定。

配电柜、箱内保护线最小截面积 S_p　　　　表2-13

序　号	S 指配电柜、箱电源相线的截面积(mm²)	配电柜、箱内保护线最小截面积 S_p (mm²)
1	$S \leqslant 16$	S
2	$16 < S \leqslant 35$	16
3	$35 < S \leqslant 400$	$S/2$

（6）箱体内的线头压接要统一，压接以外部分不能裸露，如有裸露部分应用塑封带缠绕。布线要整齐美观，导线要留有一定的余量，用尼龙带绑扎固定，并附带回路标识。

3．预防措施：

（1）配电箱箱体安装时，电气专业负责人与土建专业负责人及时沟通，由土建专业配合电气专业施工，墙体缝隙要填实，缝隙过大要用豆石或混凝土填实，并保证箱体平直，无空鼓现象。

（2）配电箱箱体安装完毕，作业者及时清理箱体内的杂物，安装过程应采取有效的保护措施，保护箱体内外干净。

（3）箱体内侧开孔不符合规范要求，应在上下垂直开孔，孔距之间均匀一致。严禁用电焊或气焊开孔，必须用机械方法如液压开孔器或机加工设备开孔，保证管与箱体连接密实，达到可靠接地的目的。

（4）电气设备加工订货前，专业技术人员应向厂家技术人员进行技术交底，并在合同条款写明。

（5）专业技术人员应熟悉和掌握《建筑电气工程施工质量验收规范》（GB 50303—2002）标准、《工程建设标准强制性条文》（房屋建筑部分）要求。

（6）专业技术人员应对电气设备进场、安装、调试记录及时收集、归档，保证技术资料的完整性。

六、开关、插座接线盒和面板的安装、接线不符合要求

1．现象：

（1）接线盒预埋墙体太深，标高不一致；面板与墙体间有缝隙，不严密，面板不平直。

（2）预埋成排接线盒未在同一水平线上。

（3）电视、电源插座的水平距离小于500mm。

（4）接线盒未刷防锈漆。

（5）开关、插座的相线、零线、PE保护线有串接现象。

（6）开关、插座的导线线头裸露过长，压线端子固定螺钉松动，盒内导线余量不足。

2．原因分析：

（1）预埋接线盒时固定不牢靠，浇筑混凝土时，振捣棒振动或模板胀模造成接线盒预埋位置移动，安装坐标点不准确。

（2）操作者未认真看电气施工图，定位不准确。不了解家用电器的使用功能，对家用电器的安全性认识不足，标高、位置预留不准确。

（3）作业者工作责任心不强，专业技术人员检查力度不够，"三检制"流于形式。

3．预防措施：

（1）与土建专业密切配合，及时掌握土建专业在墙体弹出的"50"线，严格按照施工图设计的位置，准确固定接线盒。

（2）当预埋的接线盒过深时，应加装一个接线盒盒套，盒口内侧应对齐。土建专业拆除模板后，电气专业应及时清理接线盒，将盒内填充物清理干净，并刷防锈漆二道。

（3）预埋成排水平方向的接线盒，应用水平塑料管校正，保证水平方向安装高度

一致。

(4) 安装面板前，由土建专业对接线盒四周修补方正，保证墙面的平整度，开关、插座面板安装后与墙面无缝隙，并注意面板表面的清洁。

(5) 剥线时留出适量的长度，保证线头整齐统一，安装后接线端子的线芯不得裸露；同时为了牢固压紧导线，单芯线在插入接线端子孔内时应拗成双股回弯拧紧。

(6) 电工在主体结构阶段施工过程，专业技术人员应做好质量检查与预控工作，使"三检制"落实到位。

七、灯具安装不符合要求

1. 现象：

(1) 居室内灯位安装偏位，不在居室顶板中心点上。

(2) 成排灯具不在同一水平线上，高度不一致。

(3) 吊链日光灯链条不平行，引下的导线未编叉。

(4) 日光灯灯架内软线不涮锡或涮锡不饱满，镇流器与灯具未采用瓷接线端子压接，直接缠绕包扎。

(5) 走廊通道上方吊顶的石膏开孔过大，筒灯四周与石膏板接缝有缝隙。

(6) 屋面防水灯具未设置泄水孔。

(7) 室内花灯安装灯位不在分格中心或与周围环境不对称，影响居室的美观。

(8) 室内大型花灯安装前，未做绝缘摇测、承载试验。

2. 原因分析：

(1) 土建结构施工时，电工预埋灯头盒位置不对，造成无法弥补的后果。

(2) 操作者掌握《建筑电气工程施工质量验收规范》(GB 50303—2002)标准、《工程建设标准强制性条文》(房屋建筑部分)要求不够。

(3) 专业技术人员在采购灯具时，技术交底不全面，厂家生产防水灯具时未考虑泄水孔的设置。

(4) 日光灯进场时，专业技术人员没有认真检查日光灯，未把好产品质量关。

(5) 装修阶段，专业之间相互协调较差，电气专业技术负责人应积极主动与土建专业技术负责人联系，由土建装修人员按电气技术交底进行开孔，电气专业技术人员检查筒灯的位置、尺寸、预留圆孔直径是否一致等。

(6) 定灯位时未弹十字线、中心线，也未加装灯位调节板。成排灯具未拉水平线，等距离定出中心位置，使安装的灯具不成行，高低不一致。

(7) 操作者掌握《建筑电气工程施工质量验收规范》(GB 50303—2002)标准、《工程建设标准强制性条文》(房屋建筑部分)要求不够，室内大型花灯安装前须做绝缘摇测、承载试验。

3. 预防措施：

(1) 安装灯具前，应认真找准中心点，及时纠正偏差。

(2) 按规范要求，成排灯具安装的偏差不应大于5mm。在安装前需要拉线定位，使灯具在纵向、横向在同一水平线上。

(3) 日光灯的吊链应相互平行，不得出现八字形，软导线引下应与吊链错落有秩地编叉在一起。

（4）吊顶处的筒灯开孔要先定好坐标位置，除要求平直，整齐和均等外，开孔的大小要符合筒灯的规格，不得太大，以保证筒灯安装时外圈牢固地紧贴石膏板，不露缝隙。

（5）日光灯灯具进场前，电气专业技术人员应及时打开灯具进行抽检，并保证抽检率在10%以上，杜绝灯架内软线不涮锡或涮锡不饱满，镇流器与灯具未采用瓷接线端子压接，直接缠绕包扎等质量问题。

（6）室内大型花灯安装前须做绝缘摇测、承载试验，并及时将花灯的绝缘摇测、承载试验记录交资料员归档保存。

（7）灯具在运输、仓储和安装阶段应加强保管，建立责任制度，作好成品保护工作。

（8）专业技术人员、操作者要执行《建筑电气工程施工质量验收规范》（GB 50303—2002）标准、《工程建设标准强制性条文》（房屋建筑部分）有关规定。

八、电缆、插接母线安装不符合要求

1．现象：

（1）电缆安装后没有统一挂牌标识，电缆在电缆竖井、桥架内敷设杂乱。

（2）在电缆竖井中，电缆进出洞口用防火枕封堵不严密；垂直固定电缆方向的支架，制作粗糙。

（3）电缆、插接母线穿过底板进出洞口四周未砌筑防水台。

（4）电缆竖井内有杂物，未清理干净；电缆、插接母线表面有涂料污染现象。

（5）插接母线的插接箱安装不牢固。

2．原因分析：

（1）各专业施工单位没有协调好，只求自己敷设的电缆能通过即可，敷设完线缆后，不进行相互间的协调与配合。

（2）土建专业在封堵电缆竖井洞口时，缺乏专业间的协调与配合，电气专业技术人员未对土建专业施工人员进行技术交底，使得土建专业施工人员无所事事。

（3）防火枕封堵采购未按技术要求，采购的防火枕不能对洞口进行严密封堵。

（4）结构设计专业留给电缆竖井的面积太小，造成线缆布置困难，无法合理敷设线缆。

（5）电缆固定支架设计尺寸不合理，制作人员制作支架质量水平不高。

3．预防措施：

（1）强、弱电施工单位之间要协调好，由总承包单位召集强、弱电施工单位共同绘制大样图，使线缆走向和位置合理。安装完毕后统一用防潮防腐牌标识，注明强、弱电线缆的编号、型号、规格和起止点。挂牌位置为：线缆的引出端、拐弯处、夹层内，电缆竖井的上下两端等。

（2）用油麻和防腐堵料封堵室外进户管，管口要打喇叭口作防水处理，并做可靠接地。

（3）电缆竖井电缆通过的洞口，要采用相匹配的防火枕进行封堵，采购前专业技术人员作好技术交底。

(4)电缆固定支架设计尺寸应参考电气工程施工图集,专业技术人员对制作人员进行书面技术交底,保证电缆支架制作的质量水平。

(5)安装插接箱时,要横平竖直,插接箱与插接母线的连接器要可靠、牢固。

九、室内外电缆沟构筑物和电缆管敷设不符合要求

1．现象：

(1)电缆沟内电缆支架安装不在同一水平线上。

(2)电缆沟、电缆进户管排水不畅。

(3)电缆进户管埋设深度不够,进户管两端未打喇叭口。

(4)电缆进户管未做内防腐、进户管未焊接止水钢板。

(5)电缆沟内电缆支架未与接地镀锌扁钢连接。

2．原因分析：

(1)电缆沟内电缆支架安装时,操作者未拉水平线定位,使电缆支架不在同一水平线上。

(2)电缆沟底没有一定的坡度,室内进户管一侧向下倾斜,没有按电气工程施工图集做法施工。

(3)操作者应执行《建筑电气工程施工质量验收规范》(GB 50303—2002)标准,电缆进户管做内防腐、进户管焊接止水钢板。

(4)没有按施工图要求,在土建专业在做电缆沟时,电工未配合土建专业预埋镀锌扁钢。或电缆支架安装时,未与预埋镀锌扁钢连接。

3．预防措施：

(1)电工在安装电缆架时,应拉线定位。其中最上层支架至沟顶距离为150~200mm,最下层支架至沟底距离为50~100mm。电缆支架应保证有足够的承载力,并做防锈处理。

(2)根据《低压配电设计规范》(GB 50054—95)的有关规定,电缆沟底部排水沟坡度不应小于0.5%,并设集水坑,积水直接排入下水道。室内进户管一侧向下倾斜。

(3)进户管两端应打喇叭口,喇叭口要均匀打口。电缆进户管预埋地面-0.7m以下。现浇混凝土墙埋设电缆进户管,电缆进户管应做防水钢板,并注意保护防水层。

(4)电缆进户管应采用厚壁焊接钢管,内侧涂刷防腐防锈漆,漆面要均匀,电缆进户管应做等电位联结。

(5)电缆沟内预埋的接地镀锌扁钢安装要牢固,一般每隔0.5~1.5m安装一个固定端子,以便由此引出接地镀锌扁钢,与电缆支架做可靠连接。电缆沟内成排进户管要分别做等电位联结,搭接处作好防腐处理。为了保证每根钢管能与等电位联结的镀锌扁钢可靠联结,在埋管时逐一焊接,不允许把管埋完后才焊接。

十、金属线槽安装不符合要求

1．现象：

(1)金属线槽通过镀锌螺栓连接作为保护接地线,通过绝缘摇表测试接地电阻阻值达不到要求。

(2) 金属线槽的盖板翘起。

(3) 金属线槽内的线缆排列不整齐,并无回路标识。

2. 原因分析:

(1) 作业者认为金属线槽本身就是导体,只需使其连通即可。实际上金属线槽的接地电阻阻值不可能达到要求。

(2) 金属线槽内的线缆排列不整齐,相互叠加超出线槽的容量。金属线槽在安装时,由于线槽的安装量大,安装完后忘记检查,个别位置的线槽盖板未安装。

(3) 操作者不认真执行施工质量验收规范标准,不考虑竣工后线缆检修工作。

3. 预防措施:

(1) 金属线槽连接处设置编织铜软带,并连接牢固,使金属线槽整体连接可靠,保证接地电阻符合要求。

(2) 金属线槽内的线缆排列整齐,减少线缆之间的叠加,保证盖板不受力,与线槽连接密实。

(3) 金属线槽内的线缆排列整齐,并按不同线缆的回路进行标识,分别在各自回路的线缆上用尼龙带绑扎。

十一、草坪灯、庭园灯和地灯的安装不符合要求

1. 现象:

(1) 灯杆掉漆、生锈、装饰件松动。

(2) 接地线安装不符合要求,甚至没有接地线。

(3) 灯罩太薄,易破损、脱落。

(4) 草坪灯、地灯的光源瓦数过大,使用时灯罩温度过高,灯罩局部变形。或灯罩边角锋利易割伤人。

2. 原因分析:

(1) 灯具进场检验没有严格把关,未对灯具进行拆开检查,灯罩的玻璃或塑料强度不够,固定灯座的螺栓与底座的孔径不相符,难以固定。

(2) 施工图设计时只考虑室外的照度,疏忽草坪灯、庭园灯和地灯较矮,可能会对行人、特别是小孩触摸时造成伤害。

(3) 作业者在施工时,未执行《建筑电气工程施工质量验收规范》(GB 50303—2002)标准,对金属灯杆接地的安全重要性认识不足。

3. 预防措施:

(1) 认真把好材料进场验收关,选用合格的灯具,特别是针对季节性天气,一定要选用较好的防锈灯杆。灯罩无论是塑料或者玻璃,均应具有较强的抗风强度。

(2) 草坪灯、地灯安装高度较低,在施工图纸会审时应考虑到功率大的光源产生的温度较高,极易使保护罩温度过高而烫伤人。

(3) 草坪灯选型别致,边角较锋利,喜欢触摸的小孩易被划伤,应在草坪灯四周设置安全保护罩。

(4) 室外金属杆灯具接地事关人命,路灯、草坪灯、庭园灯和地灯必须有良好的接地。灯杆的接地引出圆钢须与接地极焊接牢靠,路灯电源的 PE 保护线与灯杆接地线连接

时必须用弹簧垫片、平光垫片压紧后再拧上螺母。

十二、电话、电视线缆敷线、面板接线不符合要求

1．现象：

（1）多根电话电缆在弱电竖井内敷设，或在金属线槽内码放无序、未捆扎，显得十分杂乱。

（2）组线箱内压接线头编号不明显，编号字体难辨，或色标混乱。

（3）电话插座接线松动，电话音质失真。

（4）电视天线电缆屏蔽层被损坏，电视图像失真。

2．原因分析：

（1）建设单位直接进行专业分包，给总包单位的质量管理工作带来一定的困难。

（2）专业分包单位对《建筑电气工程施工质量验收规范》（GB 50303—2002）标准掌握程度较差，弱电竖井内线缆的敷设、配线架的安装等不符合施工质量验收规范标准。

（3）专业分包单位进场时间较晚，为抢施工进度，安装质量受到影响。

（4）电话系统、电视系统设备、线缆和面板安装完毕后，仅对系统进行测试，保证系统开通，而忽视对用户使用功能的保证。

3．预防措施

（1）施工单位应加强对专业分包单位的管理，将分包单位纳入到总承包管理，及时与建设单位协调，加强管理为分包单位提供便利条件。

（2）加强对分包单位的管理，施工安装完毕，保证弱电竖井内工完场清，保持地面和墙面清洁。

（3）多根电话线缆在弱电竖井内敷设时，必须捆扎成束，并要求在每隔1.5m的间距进行固定，金属线槽内的干线须标识，线槽盖板与线槽间盖实。

（4）电话线接头用压线钳压紧插入压线孔内，保证同一编码的线色标一致，防止误连接。

（5）用户插座面板接线要小心拧紧螺钉，保证软铜线成束压牢。

（6）组线箱内的电话线要整齐排列，每根电话线的线头均应标明回路和房间号码，以方便日后电话检修。

（7）电视天线的屏蔽层在穿管时易被硬物刮破，在穿线前应将管内异物清理干净，穿线时要小心抽拉，以免损坏屏蔽层，确保电视图像信号传输清晰。

十三、消防系统的探头安装不符合要求

1．现象：

（1）探头安装松动，与墙体、顶板、吊顶间缝隙过大。

（2）探头与灯具之间距离太近，灯具光源的热量影响探头的灵敏度。

2．原因分析：

（1）操作者在安装探头底座时，没有认真找平、固定，造成探头安装松动。

（2）结构预埋管线、接线盒时，探头与灯具预埋的距离小于500mm。

3．预防措施：

（1）认真执行《建筑电气工程施工质量验收规范》（GB 50303—2002）标准，底座安装时一定要与墙体、顶板表面找平，保证探头整体不受力。

（2）公共区域吊顶处消防探头，在预埋管线、八角盒时应保证与灯具（光源）预埋管线、八角盒之间的距离不小于500mm（灯具保证在中心位置上）。

第三章 建筑供配电

第一节 电力负荷与供电要求

一、负荷

1. 负荷：又称负载，指发电机或变电所供给用户的电力。其衡量标准为电气设备（发电机、变压器和线路）中通过的功率或电流，而不是指它们的阻抗。

当线路中的电压 U 一定时，线路输送的功率与电流成正比，线路中的负荷通常指导线通过的电流值。

发电机、变压器等电气设备的负荷指它们的输出功率。

电动机类的用电设备的负荷指它们的输入功率。

2. 满负荷：又叫满载，指负荷恰好达到电气设备铭牌所规定的数值。
3. 欠负荷：又叫轻载，指负荷未达到电气设备铭牌所规定的数值。
4. 过负荷：又叫过载，指负荷超过了电气设备铭牌所规定的数值。
5. 最大负荷：又称尖峰负荷，指系统或设备在一段时间内用电最大负荷值。
6. 最小负荷：又称低谷负荷，指系统或设备在一段时间内用电最小负荷值。

二、负荷分类

1. 按电能的用途分类
(1) 照明：如白炽灯，将系统的电能转换为光能。
(2) 动力：如电动机，将系统的电能转换为机械能。
(3) 电热：如电阻炉，将系统的电能转换为热能。
(4) 电化学：如电镀，将系统的电能转换为化学能。

2. 按用户对象分类
(1) 工业用电：指工业企业用电。
(2) 农业用电：指农业生产用电。
(3) 商业用电：指服务行业用电。

3. 按电能做功分类
(1) 有功负荷：用有功功率表示

　　　　　三相有功负荷

$$P = 3U_p I_p \cos\varphi = \sqrt{3} U_l I_l \cos\varphi \tag{3-1}$$

(2) 无功功率：用无功功率表示

　　　　　三相无功负荷

$$Q = 3U_\mathrm{p}I_\mathrm{p}\sin\varphi = \sqrt{3}U_l I_l \sin\varphi \tag{3-2}$$

(3) 视在功率：用容量表示

三相容量

$$S = \sqrt{P^2 + Q^2} = 3U_\mathrm{p}I_\mathrm{p} = \sqrt{3}U_l I_l \tag{3-3}$$

三、负荷分级

电力负荷应根据供电可靠性及中断供电在政治、经济上所造成的损失或影响的程度，分为一级负荷、二级负荷、三级负荷。

1. 一级负荷

(1) 中断供电将造成人身伤亡者。

(2) 中断供电将造成重大政治影响者。

(3) 中断供电将造成重大经济损失者。

(4) 中断供电将造成公共场所秩序严重混乱者。

对于某些特等建筑，如重要的交通枢纽、重要的通讯枢纽、国宾馆、国家级及承担重大国事活动的大量人员集中的公共场所等的一级负荷为特别重要负荷。

中断供电将影响及时处理计算机及计算机网络正常工作或中断供电后将发生爆炸、火灾以及严重中毒的一级负荷亦为特别重要负荷。

2. 二级负荷

(1) 中断供电将造成较大政治影响者。

(2) 中断供电将造成较大经济损失者。

(3) 中断供电将造成公共场所秩序混乱者。

3. 三级负荷

不属于一级和二级的电力负荷。

四、供电要求

1. 一级负荷的供电要求

(1) 应由两个独立电源供电，当一个电源发生故障时，另一个电源应不致同时受到损坏。

一级负荷容量较大或有高压电气设备时，应采用两路高压电源。如一级负荷容量不大时，应优先采用从电力系统或临近单位取得第二低压电源，亦可采用应急发电机组，如一级负荷仅为照明或电话站负荷时，宜采用蓄电池组作为备用电源。

独立电源是指采用两个以上电源供电，其中任何一个电源因故障而停止供电时，其他电源均不受任何影响而能继续供电，则每一个电源均称为独立电源。凡满足以下条件者均属独立电源：

1) 每段母线的电源来自不同的发电机或不同的变压器；

2) 母线段之间无联系，或虽有联系但当其中一段母线故障时，能自动断开联系不影响其余母线继续供电。

满足下列条件者为独立电源：

1) 独立电源可分别来自不同的发电厂（包括自备电厂）；
2) 独立电源可分别来自不同的变电所；
3) 独立电源可分别来自不同的发电厂和不同的变电所；
4) 独立电源可分别来自不同的发电厂和不同的地区变电所；
5) 来自电力系统中不同的地区变电所。

(2) 一级负荷中的特别重要负荷，除上述两个电源外，还必须增设应急电源。为保证特别重要负荷的供电，严禁将其他负荷接入应急供电系统。

常用的应急电源有下列几种：
1) 独立于正常电源的发电机组。
2) 供电网络中有效地独立于正常电源的专门馈电线路。
3) 蓄电池。

根据允许的中断时间可分别选择下列应急电源：
1) 静态交流不间断电源装置适用于允许中断供电时间为毫秒级的供电。
2) 带有自动投入装置的独立于正常电源的专门馈电线路，适用于允许中断供电时间为1.5s以上的供电。
3) 快速自起动的柴油发电机组，适用于允许中断供电时间为15s以上的供电。

2. 二级负荷的供电要求

应做到当发生电力变压器故障或线路常见故障时不中断供电（或中断后能迅速恢复）。在负荷较小或地区供电条件困难时，二级负荷可由一回6kV及以上专用架空线供电。

3. 三级负荷的供电要求

无特殊要求。

第二节 电力负荷计算

一、负荷计算的目的

建筑供电系统电力负荷计算的目的就是为合理地选择变电所内变压器容量、各种电气设备及配电用导线等提供科学的依据。

(1) 通过计算流过总降压变电所的变压器或车间变压器的负荷电流和视在功率，作为选择两级变压器容量的依据。

(2) 通过计算流过变电站各主要电气设备（断路器、隔离开关、母线、熔断器）的负荷电流，作为选择这些设备的依据。

(3) 通过计算流过各条线路（电源进线、高、低压配电线路）的负荷电流，作为选择这些线路导线或电缆截面的依据。

二、负荷曲线

表示电力负荷在30min内的平均功率随时间变化情况的图形称为负荷曲线。根据纵坐标表示的功率不同，分为有功功率负荷曲线和无功功率负荷曲线；根据横坐标时间的不同分为日负荷曲线、月负荷曲线、年负荷曲线等。图3-1为一用户的日有用功率负荷曲线。

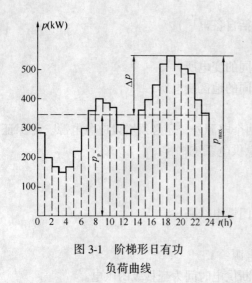

图 3-1 阶梯形日有功
负荷曲线

负荷曲线的物理意义是阶梯形曲线所包围的面积代表此负荷日电能需要量（用电量）。负荷曲线愈平稳，负荷变动愈少；负荷曲线愈起伏，负荷变动愈大。

负荷曲线不仅反映了设备或用户的用电规律，同时还是设计变电所时的参考依据，设计时用户未投产运行，无法按实际情况得到负荷曲线，一般是参照有关标准负荷曲线或现有的性质相似的企业典型负荷曲线来绘制。

从负荷曲线中可以得到设备或用户的最大负荷 P_{max}、平均负荷 P_p，根据这些数据可推出几个有关负荷的重要参数。

(1) 利用系数

又称负荷率，是在某一段时间内，负荷曲线的平均负荷 P_p 与该组用电设备的设备容量的总和之比。

$$利用系数 = \frac{负荷曲线的平均负荷\ P_p(kW)}{该组用电设备的设备容量的总和\ \Sigma P(kW)} \times 100\% \quad (3-4)$$

利用系数是反映用户有功功率及无功功率变化规律的一个参数。其值高说明负荷曲线平稳，负荷变动小，配电设备的利用率高；其值低说明负荷曲线起伏，负荷变动大，配电设备利用率低。

(2) 需要系数

由于电气设备的额定工作条件不同，有的长时间工作（变压器），有的短时间工作（临时电动机），还有的反复工作（起重电动机），这样就会造成各用电设备不会在同一时间一起工作；一起工作的设备不会都在满负荷情况下运行；同时设备和线路存在功率损耗；所有这些因素综合起来，使系统内最大负荷与全系统用电设备总容量之间存在差异，前者要比后者小，两者的比值为需要系数。

$$需要系数 = \frac{负荷曲线的最大负荷\ P_{max}\ (kW)}{该组用电设备的设备容量的总和\ \Sigma P_e\ (kW)} \times 100\% \quad (3-5)$$

需要系数是表示配电系统中所有用电设备同时运转（用电）的程度，或者说表示所有用电设备同时使用的程度。通常其值小于1，只有在所有用电设备全部同时连续运转且满载时，才能为1。

需要系数的确切数值是由以下几个系数共同确定的。

1) 同时工作系数：在用电设备组中各用电设备因工作状态不同可能不会同时工作，所以在负荷计算时，用同时工作系数 K_t 来反映在最大负荷时，正在工作运行的用电设备的设备容量与全部用电设备总设备容量的比值；

2) 负荷系数：各用电设备在工作时，未必全部都在满负荷状态下运行，因此，在负荷计算中要用负荷系数 K_f 来反映在最大负荷时，正在工作运行的用电设备的实际需要的功率与全部用电设备总设备容量的比值；

3) 平均效率：各用电设备在工作时都有一定的功率损耗，在计算负荷时要考虑一个用电设备组的平均效率 η_d；

4) 线路效率：给各用电设备组供电的线路，在输送电能时要产生线路的功率损耗，因此在计算负荷时要考虑一个线路效率 η_l；

5) 工作系数：加工条件和工人的操作水平也将影响用电设备的实际功率，因此，在负荷计算中要考虑一个工作系数 K_g。

综合考虑上述因素后，用需要系数 K_x 表示

$$K_x = \frac{K_t \cdot K_f \cdot K_g}{\eta_d \cdot \eta_l} \tag{3-6}$$

表 3-1 各用电设备组的需要系数及功率因数。

各用电设备组的需要系数及功率因数　　　　　表 3-1

用电设备组名称	需要系数 K_x	功率因数 $\cos\varphi$	$\text{tg}\varphi$
通风机和水泵	0.75～0.85	0.80	0.75
运输机、传送带	0.52～0.60	0.75	0.88
混凝土及砂浆搅拌机	0.65～0.70	0.65	1.77
破碎机、筛、泥泵、砾石洗涤机	0.70	0.70	1.02
起重机、掘土机、升降机	0.25	0.70	1.02
电焊机	0.45	0.45	1.98
建筑室内照明	0.80	1.0	0
工地住宅、办公室照明	0.40～0.70	1.0	0
变电所	0.50～0.70	1.0	0
室外照明	1.0	1.0	0

(3) 计算负荷的概念

计算负荷是按发热条件选择电气设备的一个假定负荷，其产生的热效应与实际变动负荷产生的最大热效应应相等。根据计算负荷选择的导体或电器，在运行中的最高温升不超过导体或电器的温升允许值。

计算负荷的物理意义可以这样理解：设有一电阻为 R 的导体，在某一时间内通过一变动负荷，其最高温升达到 τ 值，如果这一导体在相同时间内通过一个不变的负荷，最高温升也达到 τ 值，那么这个不变负荷就称为变动负荷的"计算负荷"，即"计算负荷"与实际变动负荷的最高温升是等值的。

一般把半小时平均负荷曲线上的"最大负荷" P_{max}、Q_{max}、S_{max}、I_{max} 作为计算负荷。

三、用"需要系数法"进行负荷计算

需要系数法一般适用于计算用电设备组中设备容量差别不大的情况，其特点是计算简单。

1. 设备容量的概念

在供电系统的用电设备的铭牌都标有额定功率，但当设备的额定工作条件不同时，设备的实际输出功率并不等于铭牌上的额定功率。

额定功率（P_n）是电气设备名牌中注明的功率，它是制造厂家根据电压等级要求选用适当的绝缘材料的绝缘强度允许的功率，即电气设备在此功率下长时间连续工作，其上的任意点的温升均不会超过允许的温升。

设备容量又称设备功率，是指换算到统一工作制下的"额定功率"，用 P_n 表示，即当电气设备上注明的暂载率不等于标准暂载率时，要对额定功率进行换算到标准暂载率下。

计算功率（P_j）是一个假想功率，它是建立在热等效基础上的，一般用直流功率去替代交流功率。

2. 用电设备的工作制的划分

电气设备按工作制划分为三种：

（1）长期工作制：即连续运行工作制，指在规定的环境温度下，设备连续运行，设备的任何部分的温升均不超过允许值；

（2）短时工作制：即短时运行工作制，指设备的运行时间短而停歇时间长，设备在工作时间内的发热量不足以达到稳定的温升，而在停歇时间内足够冷却到环境温度；

（3）断续工作制：即反复短时工作制，指设备以断续方式反复进行工作，工作时间（t_g）与停歇时间（t_τ）交替进行，用暂载率 $J_C\%$ 表示，定义为

$$J_C\% = \frac{\text{工作时间}}{\text{工作周期}} \times 100\% = \frac{t_g}{t_g + t_\tau} \times 100\% \tag{3-7}$$

根据国家技术标准规定，工作周期 $t_g + t_\tau$ 以 10min 为依据，吊车电动机的标准暂载率为 15%、25%、40%、60% 四种；电焊设备的标准暂载率为 50%、65%、75%、100% 四种。

3. 用电设备的设备容量（P_e）的确定

对不同工作制的用电设备，其设备容量应按下列方法确定：

（1）长期工作制电动机的设备容量：等于其铭牌上的额定功率（kW）。

$$P_e = P_n$$

（2）反复短时工作制电动机的设备容量：指统一换算到暂载率 $J_C\% = 25\%$ 时的额定功率（kW），即

$$P_e = \sqrt{\frac{J_C}{J_{C25}}} P_n = 2P_n\sqrt{J_C} \tag{3-8}$$

式中　P_e——换算到 $J_C\% = 25\%$ 时电动机的设备容量（kW）；

　　　J_C——铭牌暂载率，以百分值代入公式；

　　　P_n——电动机的铭牌额定功率（kW）。

（3）电焊机及电焊设备的设备容量：指统一换算到暂载率 $J_C\% = 100\%$ 时的额定功率，即

$$P_e = \sqrt{\frac{J_C}{J_{C100}}} P_n = \sqrt{J_C} S_n \cos\varphi \tag{3-9}$$

式中　P_e——换算到 $J_C\% = 100\%$ 时电焊设备的设备容量（kW）；

　　　J_C——铭牌暂载率，以百分值代入公式；

　　　P_n——直流电焊机的铭牌额定功率（kW）；

　　　S_n——交流电焊机的铭牌额定视在功率（kV·A）；

　　　$\cos\varphi$——电焊设备的铭牌额定功率因数。

(4) 照明设备的设备容量

1) 白炽灯、碘钨灯设备容量等于灯泡上标出的额定功率（kW）。

2) 荧光灯的设备容量为 1.2 倍的额定功率（kW），镇流器的功率损耗是灯管额定功率的 20%，电子型起动的荧光灯的设备容量为荧光灯的额定功率。

3) 高压水银灯、金属卤化物灯其设备容量为 1.1 倍的额定功率（kW），镇流器的功率损耗是灯管额定功率的 10%。

(5) 不对称单相负荷的设备容量

1) 多台单相设备应均匀地分配在三相上；

2) 在计算范围内，若单相设备的总容量小于三相用电设备总容量的 15% 时，可按三相平衡分配负荷考虑；

3) 如单相用电设备不对称容量大于三相用电设备总容量的 15% 时，则设备容量应按三倍最大相负荷计算。

(6) 短时工作制设备的设备容量为零

4. 确定用电设备组的有功计算负荷（P_j）、无功计算负荷（Q_j）和计算容量（S_j）

在计算设备组的设备容量（P_e）后，可以根据所提供的需要系数 K_x，得到设备组的有功计算负荷

$$P_j = K_x \Sigma P_e \tag{3-10}$$

式中　K_x——表 3-1 给出的需要系数；

　　　P_e——单台电气设备的设备容量（kW）。

无功计算负荷

$$Q_j = P_j \tan\varphi \tag{3-11}$$

式中　$\tan\varphi$——表 3-1 给出的对应于需要系数 K_x 的正切值；

　　　P_j——有功计算负荷（kW）。

计算容量

$$S_j = \sqrt{P_j^2 + Q_j^2} \tag{3-12}$$

计算电流

$$I_j = \frac{S_j}{\sqrt{3} U_n} \tag{3-13}$$

式中　U_n——系统的额定电压（kV）。

功率因数

$$\cos\varphi = \frac{P_j}{S_j} \tag{3-14}$$

四、选择变压器容量（S_e）

选择变压器的容量应以计算负荷为基础，即 $S_e \geq S_j$。根据总降压变电所变压器的数量不同，变压器的运行方式有两种。

1. 明备用：即两台变压器，正常运行时，一台工作，另一台作为备用；变压器故障或检修时，备用变压器投入运行，并要求带全部负荷。每台变压器的容量按 100% 的计算

负荷确定。

2. 暗备用：两台变压器同时工作，每台变压器正常时各承担一半的负荷量，每台变压器的容量按 70% 的总计算负荷选择，变压器的负荷率小于 80%；当变压器故障或检修时，由另一台变压器尽量带全部负荷，此时变压器载负荷率载 1.4 倍时，变压器允许短时运行。

车间变压器一般尽量选择一台变压器，其容量不大于 1000kV·A，最大不允许超过 1800kV·A。

五、无功功率补偿

用电单位的自然总平均功率因数较低，单靠提高用电设备的自然功率因数达不到要求时，应装设必要的无功功率补偿设备，提高用电单位的功率因数。

民用及一般工业建筑的功率因数指标应达到下列规定：

高压供电的用电单位，功率因数为 0.9 以上。

低压供电的用电单位，功率因数为 0.85 以上。

采用电力电容器作无功补偿装置时，宜采用就地平衡原则。低压部分的无功负荷由低压电容器补偿，高压部分由高压电容器补偿。容量较大、负荷平衡且经常使用的用电设备的无功负荷宜单独就地补偿。补偿基本无功负荷的电容器组，宜在变电所内集中补偿。居住区的无功负荷宜在小区变电所低压侧集中补偿。

求静电电容器的补偿容量（Q_c）

$$Q_c = P_j(\tan\varphi_1 - \tan\varphi_2)$$
$$= P_j q_c$$
$$q_c = \tan\varphi_1 - \tan\varphi_2 \tag{3-15}$$

式中　P_j——有功计算负荷（kW）；

　　$\tan\varphi_1$——补偿前计算负荷的功率因数角的正切值；

　　$\tan\varphi_2$——补偿后功率因数角的正切值；

　　q_c——无功功率补偿率。

补偿后无功计算负荷和计算容量会发生变化，补偿后

$$Q'_j = Q_j - Q_c \tag{3-16}$$

$$S'_j = \sqrt{P_j^2 + Q'^2_j} \tag{3-17}$$

【例】　某用电馈线上的用电设备参数如表 3-2 所示，需要系数为 0.7，试计算该馈线的设备容量、计算功率，并估算变压器的容量；如要求将功率因数补偿到 0.95，求补偿容量，此时的计算容量为多少？

用电设备参数　　　　　　　　　　　　　表 3-2

序号	设备名称	数量	额定功率（kW）	暂载率（%）	功率因数（$\cos\varphi$）	备注
1	塔式吊车	1	40	60		
2	电焊机	1	22（kV·A）	65	0.45	

续表

序号	设备名称	数量	额定功率（kW）	暂载率（%）	功率因数（cosφ）	备注
3	白炽灯		5			总功率
4	荧光灯		4			总功率
5	高压汞灯		1			
6	上水泵	2	9			一用一备
7	小型电动机		10			总功率，均为短时工作制

【解】 1. 求单组设备的设备容量

塔式吊车的有功：$P_e = 2P_n\sqrt{J_C} = 2 \times 40 \times \sqrt{0.60} = 62$ （kW）

  无功：$Q_e = P_e\tan\varphi = 62 \times 1.02 = 63.2$ （kVar）

电焊机的有功：$P_e = \sqrt{J_C}S_n\cos\varphi = \sqrt{0.65} \times 22 \times 0.45 = 8$ （kW）

  无功：$Q_e = P_e\tan\varphi = 8 \times 1.98 = 15.8$ （kVar）

白炽功的有功：$P_e = P_n = 5$ （kW）

  无功：$Q_e = P_e\tan\varphi = 0.0$ （kVar）

荧光灯的有功：$P_e = 1.2P_n = 1.2 \times 4 = 4.8$ （kW）

  无功：$Q_e = P_e\tan\varphi = 4.8 \times 0.7 = 3.4$ （kVar）

高压汞灯的有功：$P_e = 1.1P_n = 1.1 \times 1 = 1.1$ （kW）

  无功：$Q_e = P_e\tan\varphi = 1.1 \times 0.7 = 0.8$ （kVar）

上水泵的有功：$P_e = P_n = 9.0$ （kW）

  无功：$Q_e = P_e\tan\varphi = 9 \times 0.75 = 6.8$ （kVar）

小型电动机的有功：0.0kW

  无功：0.0kVar

2. 求馈线的计算负荷

$$P_j = K_x\Sigma P_e = 0.7 \times (62 + 8 + 5 + 4.8 + 1.1 + 9 + 0) = 62.93(\text{kW})$$

$$Q_j = K_x\Sigma Q_e = 0.7 \times (63.2 + 15.8 + 0 + 3.4 + 0.8 + 6.8 + 0) = 63(\text{kVar})$$

$$S_j = \sqrt{P_j^2 + Q_j^2} = \sqrt{63^2 + 63^2} = 89(\text{kV}\cdot\text{A})$$

$$\cos\varphi = P_j/S_j = 63/89 = 0.71$$

3. 选择变压器的容量

根据 $S_e \geq S_j$ 的原则，采用明备用方式，变压器的容量应选择 S_7-100/10。

4. 计算补偿容量

补偿前功率因数为 0.71，补偿后要求达到 0.95，补偿量为

$$Q_c = P_j(\tan\varphi_1 - \tan\varphi_2) = 63 \times (1.0 - 0.328) = 42.3(\text{kVar})$$

5. 求补偿后的计算容量

补偿前后的有功计算负荷量不变，无功量为

$$Q'_j = Q_j - Q_c = 63 - 42.3 = 20.7(\text{kVar})$$

总容量是 $S'_j = \sqrt{P_j^2 + Q'^2_j} = \sqrt{63^2 + 20.7^2} = 66(\text{kV}\cdot\text{A})$

第三节 供 电 电 压

一、电压高低的划分

电力系统电压高低的划分，因着眼点不同而有不同的划分方法。

我国的一些安全规程，例如电力行业标准 DL 408—1991《电业安全工作规程（发电厂和变电所电气部分）》规定：

低压——指设备对地电压在 250V 及以下者；

高压——指设备对地电压在 250V 以上者。

这种划分电压高低的方法，是从人身安全方面着眼的。

而我国的一些设计、制造和安装规程通常是以 1000V（或略高）为界限来划分电压高低的。一般规定：

低压——指额定电压在 1000V 及以下者；

高压——指额定电压在 1000V 以上者。

我们通常采用 1000V 为界限来划分高压和低压。

此外，尚有划分为低压、中压、高压、超高压和特高压者，规定 1000V 及以下为低压，1000V 至 10kV 或 35kV 为中压；35kV 或以上至 110kV 或 220kV 为高压，220kV 或 330kV 及以上为超高压，800kV 或 1000kV 及以上为特高压。不过这种电压高低的划分，尚无统一标准，因此划分的界限并不十分明确。

二、电压偏差与电压调整

1. 电压偏差的有关概念

(1) 电压偏差的含义

电压偏差又称电压偏移：是指给定瞬间设备的端电压 U 与设备额定电压 U_N 之差对额定电压 U_N 的百分值

$$\Delta U\% \stackrel{\text{def}}{=\!=\!=} \frac{U - U_N}{U_N} \times 100\% \tag{3-18}$$

(2) 电压偏差对设备运行的影响

1) 对感应电动机的影响　当感应电动机端电压较其额定电压低 10% 时，由于转矩 M 与端电压 U 平方成正比（$M \propto U^2$），因此其实际转矩将只有额定转矩的 81%，而负荷电流将增大 5%~10% 以上，温升将增高 10%~15% 以上，绝缘老化程度将比规定增加一倍以上，从而明显地缩短电机的使用寿命。而且由于转矩减小，转速下降，不仅会降低生产效率，减少产量，而且还会影响产品质量，增加废、次品。当其端电压较其额定电压偏高时，负荷电流和温升也将增加，绝缘相应受损，对电机也是不利的，也要缩短其使用寿命。

2) 对同步电动机的影响 当同步电动机的端电压偏高或偏低时，转矩也要按电压平方成正比变化（$M \propto U^2$），因此同步电动机的端电压偏差，除了不会影响其转速外，其他如对转矩、电流和温升等的影响，与感应电动机相同。

3) 对电光源的影响 电压偏差对白炽灯的影响最为显著。当白炽灯的端电压降低10%时，灯泡的使用寿命将延长2～3倍，但发光效率将下降30%以上，灯光明显变暗，照度降低，严重影响人的视力健康，降低工作效率，还可能增加事故。当其端电压升高10%时，发光效率将提高1/3，但其使用寿命将大大缩短，只有原来的1/3。电压偏差对荧光灯及其他气体放电灯的影响不像对白炽灯那么明显，但也有一定的影响。当其端电压偏低时，灯管不易启燃。如果多次反复启燃，则灯管寿命将大受影响；而且电压降低时，照度下降，影响视力工作。当其电压偏高时，灯管寿命又要缩短。

(3) 允许的电压偏差

《供电营业规则》规定：在电力系统正常状况下，用户受电端的供电电压允许偏差为：35kV及以上供电电压正、负偏差的绝对值之和不超过额定电压的10%；10kV及以下三相供电电压允许偏差为±7%；220V单相供电电压允许偏差为+7%、-10%。在电力系统非正常状况下，用户受电端的电压最大允许偏差不应超过额定电压的±10%。

2. 电压调整的措施

为了满足用电设备对电压偏差的要求，供电系统必须采取相应的电压调整措施：

(1) 正确选择无载调压型变压器的电压分接头或采用有载调压型变压器 我国工厂供电系统中应用的6～10kV电力变压器，一般为无载调压型，其高压绕组（一次绕组）有$U_N \pm 5\%$的电压分接头，并装设有无载调压分接开关，如图3-2所示。如果设备端电压偏高，则应将分接开关换接到+5%的分接头，以降低设备端电压。如果设备端电压偏低，则应将分接开关换接到-5%的分接头，以升高设备端电压。但这只能在变压器无载条件下进行调节，使设备端电压较接近于设备额定电压，但不能按负荷的变动来自动调节电压。如果用电负荷中有的设备对电压偏差要求严格，采用无载调压型变压器满足不了要求而这些设备单独装设调压装置在技术经济上又不合理时，可采用有载调压型变压器，使之在负荷情况下自动地调节电压，保证设备端电压的稳定。

(2) 合理减少系统的阻抗 由于供电系统中的电压损耗与系统中各元件包括变压器和线路的阻抗成正比，因此可考虑减少系统的变压级数、适当增大导线电缆的截面或以电缆取代架空线等来减少系统阻抗，降低电压损耗，从而减小电压偏差，达到电压调整的目的。但是增大导线电缆截面及以电缆取代架空线，要增加线路投资，因此应进行技术经济的分析比较，合理时才采用。

(3) 合理改变系统的运行方式 在生产为一班制或两班制的工厂（或车间）中，工作班的时间内，负荷重，往往电压偏低，因此需将变压器高压线圈的分接头调在-5%的位置上，但这样一来，到夜间负荷轻时，电压就会过高。这时如能切除变压器，改用与相邻变电所相联的低压联络线供电，既可减少这台变压器的电能损耗，又可由于投入低压联络线而增加线路的电压损耗，从而降低所出现的过高电压。对于两台变压器并列运行的变电所，在负荷轻时切除一台变压器，同样可起降低过高电压的作用。

(4) 尽量使系统的三相负荷均衡 在有中性线的低压配电系统中，如果三相负荷分布不均衡，则将使负荷端中性点电位偏移，造成有的相电压升高，从而增大线路的电压偏

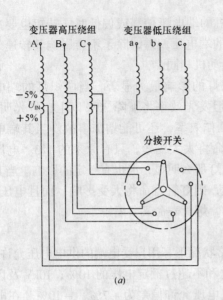 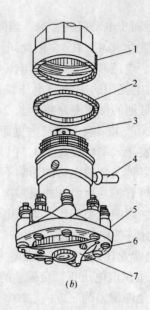

图 3-2 电力变压器的分接开关
(a) 分接开关接线；(b) 分接开关结构
1—帽；2—密封垫圈；3—操动螺母；4—定位钉；5—绝缘底座；6—静触头；7—动触头

差。为此，应使三相负荷分布尽可能均衡，以降低电压偏差。

(5) 采用无功功率补偿装置　系统中由于存在大量的感性负荷，如电力变压器、感应电动机、电焊机、高频炉、气体放电灯等等，因此系统中会出现大量相位滞后的无功功率，导致功率因数的降低和系统的电压损耗的增大。为了提高系统的功率因数，降低电压损耗，可采用并联电容器或同步补偿机，使之产生相位超前的无功功率，以补偿系统中相位滞后的无功功率。这些专用于补偿无功功率的并联电容器和同步补偿机，统称为无功补偿设备。由于采用并联电容器补偿较之采用同步补偿机具有更大的优越性，因此并联电容器在工厂供电系统中获得了广泛的应用。但必须指出，采用专门的无功补偿设备，虽然电压调整的效果显著，却需额外增加投资，因此在进行电压调整时，应优先考虑前面所述各项措施，以提高供电系统的经济效果。

三、电压波动及其抑制

1. 电压波动的含义

(1) 电压波动的含义

电压波动是指电网电压有效值（方均根值）的连续快速变动。

电压波动值，以用户公共供电点的相邻最大与最小的电压方均根值 $U_{\max}$ 与 $U_{\min}$ 之差对电网额定电压 U_N 的百分值来表示，即

$$\delta U\% \stackrel{\text{def}}{=\!=} \frac{U_{\max} - U_{\min}}{U_N} \times 100\% \tag{3-19}$$

(2) 电压波动的产生与危害

电压波动是由于负荷急剧变动的冲击性负荷所引起。负荷急剧变动，使电网的电压

损耗相应变动,从而使用户公共供电点的电压出现波动现象。例如电动机的起动,电焊机的工作,特别是大型电弧炉和大型轧钢机等冲击性负荷的工作,均会引起电网电压的波动。

电网电压波动可影响电动机的正常起动,甚至使电动机无法起动;会引起同步电动机的转子振动;可使电子设备和电子计算机无法正常工作;可使照明灯光发生明显的闪烁,严重影响视觉,使人无法正常生产、工作和学习。这种引起灯光(照度)闪烁的波动电压,称为闪变电压。

2. 电压波动的抑制措施

抑制电压波动可采取下列措施:

(1) 对负荷变动剧烈的大型电气设备,采用专用线路或专用变压器单独供电。这是最简便有效的办法。

(2) 设法增大供电容量,减小系统阻抗,例如将单回路线路改为双回路线路,或将架空线路改为电缆线路等,使系统的电压损耗减小,从而减小负荷变动时引起的电压波动。

(3) 在系统出现严重的电压波动时,减少或切除引起电压波动的负荷。

(4) 对大容量电弧炉的炉用变压器,宜由短路容量较大的电网供电,一般是选用更高电压等级的电网供电。

(5) 对大型冲击性负荷,如果采取上列措施尚达不到要求时,可装设能"吸收"冲击无功功率的静止型无功补偿装置(缩写 SVC)。SVC 是一种能吸收随机变化的冲击无功功率和动态谐波电流的无功补偿装置,其类型有多种,而以自饱和电抗器型(SR 型)的效能最好,其电子元件少,可靠性高,反应速度快,维护方便经济,且我国一般变压器厂均能制造,是最适于在我国推广应用的一种 SVC。

四、三相不平衡及其改善

1. 三相不平衡的产生及其危害

在三相供电系统中,如果三相的电压或电流幅值或有效值不等,或者三相的电压或电流相位差不为 120°时,则称此三相电压或电流不平衡。

三相供电系统中在正常运行方式下出现三相不平衡的主要原因,是三相负荷不平衡所引起的。

不平衡的三相电压或电流,按对称分量法,可分解为正序分量、负序分量和零序分量。由于负序电压的存在,就使三相系统中的三相感应电动机在产生正向转矩的同时,还产生一个反向转矩,从而降低电动机的输出转矩,并使电机绕组电流增大,温升增高,缩短电动机使用寿命。对三相变压器来说,由于三相电流不平衡,当最大相电流达到变压器额定电流时,其他两相却低于额定值,从而使变压器容量不能得到充分利用。对多相整流装置来说,三相电压不对称,将严重影响多相触发脉冲的对称性,使整流装置产生较大的谐波,进一步影响电能质量。

2. 电压不平衡及其允许值

电压不平衡度,用电压负序分量的方均根值 U_2 与电压正序分量的方均根值 U_1 的百分比值来表示,即

$$\varepsilon U\% \stackrel{\text{def}}{=\!=} \frac{U_2}{U_1} \times 100\% \tag{3-20}$$

GB/T 15543—1995《电能质量·三相电压允许不平衡度》规定：
（1）正常允许 2%，短时不超过 4%。
（2）接于公共连接点的每个用户一般不得超过 1.3%。

3. 改善三相不平衡的措施

（1）使三相负荷均衡分配　在供配电设计和安装中，应尽量使三相负荷均衡分配。三相系统中各相安装的单相用电设备容量之差应不超过 15%。

（2）使不平衡负荷分散连接　尽可能将不平衡负荷接到不同的供电点上，以减小其集中连接造成不平衡度可能超过允许值的问题。

（3）将不平衡负荷接入更高电压的电网　由于更高电压的电网具有更大的短路容量，因此接入不平衡负荷对三相不平衡度的影响可大大减小。

（4）采用可调的平衡化装置　平衡化装置包括具有分相补偿功能的静止型无功补偿装置（SVC）和静止无功电源（缩写 SVG）。SVG 基本上不用储能元件，而是充分利用三相交流电的特点，使能量在三相之间及时转移来实现补偿。与 SVC 相比，SVG 可大大减小平衡化装置的体积和材料消耗，而且响应速度快，调节性能好，它综合了无功补偿、谐波抑制及改善三相不平衡的优点，是值得推广应用的一种先进产品。

五、施工现场供配电电压的选择

1. 施工现场供电电压的选择

施工现场供电电压的选择，主要取决于当地电网的供电电压等级，同时也要考虑施工现场大型机械设备额定电压、额定功率和供电距离等因素。

2. 施工现场高压配电电压的选择

施工现场供电系统的高压配电电压，主要取决于施工现场高压用电设备的额定电压、额定功率和设备数量等因素。

施工现场采用的高压配电电压通常为 10kV。如果施工现场拥有相当多数量的 6kV 大型机械设备，或者供电电源由施工现场附近配电室取得的 6.3kV 直配电压，则可以考虑采用 6kV 作为施工现场的高压配电电压。如果不是上述情况，或者 6kV 大型机械设备不多，则可仍用 10kV 作高压配电电压，而少数 6kV 可通过专用 10/6.3kV 变压器单独供电。3kV 不能作为高压配电电压。如果施工现场有 3kV 大型用电设备，则应通过 10/3.15kV 变压器单独供电。

如果当地电网供电电压为 35kV，而施工现场环境条件又允许采用 35kV 架空线路或较为经济的 35kV 电器设备时，则可考虑采用 35kV 作为高压配电电压深入施工现场各区域负荷中心，并经临时电器设备变电所直接降为低压用电设备所需的电压。这种高压深入负荷中心的直配方式，可以省去一级中间变压，大大节省和简化供电系统的线缆投资与敷设，降低电能损耗和电压损耗，提高供电质量，因此具有一定的推广价值，但必须考虑施工现场要有满足 35kV 架空线路深入各区域负荷中心的"安全走廊"，以确保施工现场的安全用电。

3. 施工现场低压配电电压的选择

施工现场低压配电电压一般采用220/380V，其中线电压380V接三相动力设备及额定电压为380V的单相用电设备，相电压220V接额定电压为220V的照明灯具和其他单相用电设备。但是某些场合宜采用660V甚至1140V作为低压配电电压，例如矿井下，因负荷中心远离变电所，为了保证负荷端的电压水平而采用660V甚至1140V作为低压配电电压。采用660V或1140V作为低压配电电压与采用380V作为低压配电电压相比，可以减少线路的电压损耗，提高负荷端的电压水平，而且能减少线路的电能损耗，降低线路的有色金属的消耗量与投资，增加供电半径，提高供电能力，减少变压点，简化配电系统。因此提高低压配电电压有明显的经济效益，是节约能源的有效措施之一，这种方式已在国外得到应用。将380V升为660V，需要电器成套设备厂家、供电部门以及相关部门的协调配合，目前在我国还尚难实现，660V电压仅限于采矿、石油和化工等少数行业使用，1140V电压仅限于煤矿井下使用，220V电压仅作为单相配电电压和单相用电设备的额定电压。

第四节 低压配电系统

我国220/380V低压配电系统，广泛采用中性点直接接地的运行方式，而且引出有中性线（N）、保护线（PE）或保护中性线（PEN）。

中性线（N）的功能：一是用来接用额定电压为系统相电压的单相用电设备；二是用来传导三相系统中的不平衡电流和单相电流；三是减小负荷中性点的电位偏移。

保护线（PE）的功能：它是用来保障人身安全、防止发生触电事故用的接地线。系统中所有设备的外露可导电部分（指正常不带电压但故障情况下可能带电压的易被触及的导电部分，例如设备的金属外壳、金属构架等）通过保护线接地，可在设备发生接地故障时减少触电危险。

保护中性线（PEN）的功能：它兼有中性线（N）和保护线（PE）的功能。这种保护中性线在我国通称为"零线"，俗称"地线"。

低压配电系统按接地形式，分为TN系统、TT系统和IT系统。

一、TN系统

系统中性点直接接地，所有设备的外露可导电部分均接公共的保护线（PE）或公共的保护中性线（PEN）。这种接公共PE线或PEN线的方式，通称为"接零"。TN系统又分TN-C系统、TN-S系统和TN-C-S系统。

1. TN-C系统（图3-3a）其中的N线与PE线全部合为一根PEN线。PEN线中可有电流通过，因此对某接PEN线的设备产生电磁干扰。如果PEN线断线，可使接PEN线的外露可导电部分带电而造成人身触电危险。该系统由于PE线与N线合为一根PEN线，因而节约了有色金属和投资，较为经济。该系统在发生单相接地故障时，线路的保护装置动作，将切除故障线路。TN-C系统在我国低压配电系统中应用最为普遍，但不适于对安全和抗电磁干扰要求高的场所。

2. TN-S系统（图3-3b）其中的N线与PE线全部分开，设备的外露可导电部分均接PE线。由于PE线中无电流通过，因此设备之间不会产生电磁干扰。PE线断线时，正常情况下不会使接PE线的设备外露可导电部分带电；但在有设备发生一相接壳故障时，将使其他所有接 PE 线的设备外露可导电部分带电，而造成人身触电危险。该系统在发生单相接地故障时，线路的保护装置动作，将切除故障线路。该系统较之 TN-C 系统在有色金属消耗量和投资方面有所增加。TN-S 系统主要用于对安全要求较高（如潮湿易触电的浴室和居民住宅等）的场所及对抗电磁干扰要求高的数据处理和精密检测等实验场所。

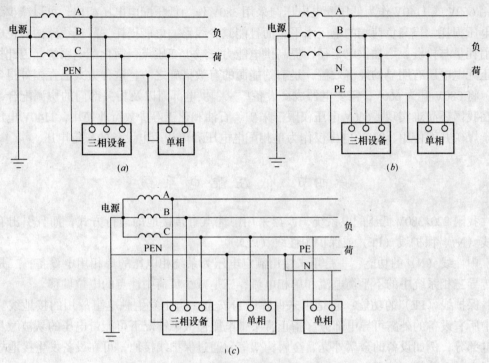

图 3-3　低压配电的 TN 系统
（a）TN-C 系统；（b）TN-S 系统；（c）TN-C-S 系统

3．TN-C-S 系统（图 3-3c）该系统的前一部分全部为 TN-C 系统，而后边有一部分为 TN-C 系统，有一部分则为 TN-S 系统，其中设备的外露可导电部分接 PEN 线或 PE 线。该系统综合了 TN-C 系统和 TN-S 系统的特点，因此比较灵活，对安全要求和对抗电磁干扰要求高的场所，宜采用 TN-S 系统，而其他一般场所则采用 TN-C 系统。

二、TT 系统

系统中性点直接接地，而其中设备的外露可导电部分均各自经 PE 线单独接地，如图 3-4 所示。

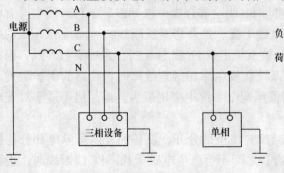

图 3-4　低压配电的 TT 系统

由于 TT 系统中各设备的外露可导电部分的接地 PE 线是分开的，互无电气联系，因此相互之间不会发生电磁干扰问题。该系统如发生单相接地故障，则形成单相短路，线路的保护装置动作为跳闸，切除故障线路。但是该系统出现绝缘不良引起漏电时，因漏电电流较小可能不足以使线路的过电流保护动作，从而使漏电设备的外露可导电部分长期带电，增加了触电的危险，因此该系统必须装设灵敏度较高的漏电保护装置，以确保人身安全。该系统适用于安全要求及对抗电磁干扰要求较高的场所。这种配电系统在国外应用较为普遍，现在我国也开始推广应用。GB 50096—1999《住宅设计规范》就规定：住宅供电系统"应采用 TT、TN-C-S 或 TN-S 接地方式。"

三、IT 系统

系统中性点不接地，或经高阻抗（约 1000Ω）接地。该系统没有 N 线，因此不适于接额定电压为系统相电压的单相用电设备，只能接额定电压为系统线电压的单相用电设备。系统中所有设备的外露可导电部分经各自的 PE 线分别接地，如图 3-5 所示。

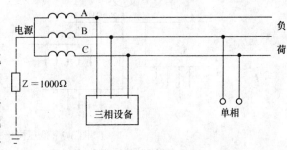

图 3-5 低压配电的 IT 系统

由于 IT 系统中设备外露可导电部分的接地 PE 线也是分开的，互无电气联系，因此相互之间也不会发生电磁干扰问题。

由于 IT 系统中性点不接地或经高阻抗接地，因此当系统发生单相接地故障时，三相用电设备及接线电压的单相用电设备仍能继续运行。但是在发生单相接地故障时，应发出报警信号，以便及时处理。

IT 系统主要用于对连续供电要求较高及有易燃易爆危险的场所，特别是矿山、井下等场所的供电。

第五节 低压配电线路

施工现场的低压配电线路主要采用放射式、树干式和环形接线方式。

1. 放射式接线方式

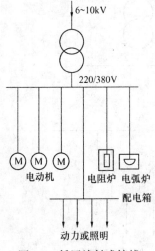

图 3-6 低压放射式接线

放射式接线的特点是其引出线发生故障时互不影响，因此供电可靠性较高。但在一般情况下，其有色金属消耗量较多，采用的开关设备较多。低压放射式接线多用于设备容量较大或对供电可靠性要求较高的设备配电，如图 3-6 所示。

2. 树干式接线方式

树干式接线的特点正好与放射式接线相反。一般情况下，树干式接线采用的开关设备较少，有色金属消耗量也较少，但当干线发生故障时，影响范围大，因此供电可靠性较低。图 3-7（a）所示，树干式接线在机械加工车间、工具车间和机修车间中应用比较普遍，而且多采用成套的封闭型母线，它灵活方便，也相当安全，很适于供电给容量较小而分布较均匀的用电设备如机床、小型加热炉等。图 3-7（b）所示"变压器-干线组"接线，还省去了变电所低压侧整套低压配电装置，从而使变电所结构大为简化，投资大为降低。

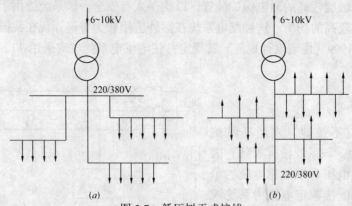

图 3-7　低压树干式接线
（a）低压母线放射式配电的树干式；（b）低压"变压器-干线组"的树干式

图 3-8（a）和图 3-8（b）是一种变形的树干式接线，通常称为链式接线。链式接线的特点与树干式基本相同，适于用电设备彼此相距很近而容量均较小的次要用电设备。链式相连的用电设备一般不宜超过 5 台，链式相连的配电箱不宜超过 3 台，且总容量不宜超过 10kW。

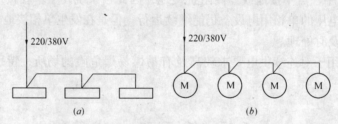

图 3-8　低压链式接线
（a）连接配电箱；（b）连接电动机

3．环形接线方式

工厂内的一些车间变电所的低压侧，可通过低压联络线相互连接成为环形，如图 3-9 所示。

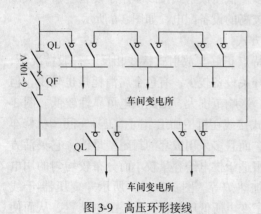

图 3-9　高压环形接线　　　　　图 3-10　低压环形接线

环形接线，供电可靠性较高。任一段线路发生故障或检修时，都不致造成供电中断，或者只短时停电，一旦切换电源的操作完成，就能恢复供电。环形接线，可使电能损耗和电压损耗减少，但是环形系统的保护装置及其整定配合比较复杂，如果配合不当，容易发生误动作，反而扩大故障停电范围。实际上，低压环形线路也多采用"开口"运行方式，如图3-10所示。

在工厂的低压配电系统中，也往往是采用几种接线方式的组合，依具体情况而定。不过在环境正常的车间或建筑内，当大部分用电设备容量不很大又无特殊要求时，宜采用树干式配电，这一方面是由于树干式配电较之放射式配电经济，另一方面是由于我国各工厂的供电人员对采用树干式配电积累了相当成熟的运行经验。实践证明，低压树干式配电在一般正常情况下能够满足生产要求。

总的来说，工厂电力线路（包括高压和低压线路）的接线应力求简单。运行经验证明，供配电系统如果接线复杂，层次过多，不仅浪费投资，维护不便，而且由于电路串联的元件过多，因操作错误或元件故障而产生的事故也随之增多，且事故处理和恢复供电的操作也比较麻烦，从而延长了停电时间。同时由于配电级数多，继电保护级数也相应增加，动作时间也相应延长，对供配电系统的故障保护十分不利。因此，GB 50052《供配电系统设计规范》规定：供配电系统应简单可靠，同一电压供电系统的变配电级数不宜多于两级。

第六节 短路电流及其计算

一、短路的原因

工厂供电系统要求正常地不间断地对用电负荷供电，以保证工厂生产和生活的正常进行。然而由于各种原因，也难免出现故障，而使系统的正常运行遭到破坏。系统中最常见的故障就是短路。短路就是指不同电位的导电部分包括导电部分对地之间的低阻性短接。

造成短路的主要原因，是电气设备载流部分的绝缘损坏。这种损坏可能是由于设备长期运行，绝缘自然老化或由于设备本身质量低劣、绝缘强度不够而被正常电压击穿，或设备质量合格、绝缘合乎要求而被过电压（包括雷电过电压）击穿，或者是设备绝缘受到外力损伤而造成短路。

工作人员由于违反安全操作规程而发生误操作，或者误将低电压设备接入较高电压的电路中，也可能造成短路。

鸟兽（包括蛇、鼠等）跨越在裸露的相线之间或者相线与接地物体之间，或者咬坏设备和导线电缆的绝缘，也是导致短路一个原因。

二、短路的后果

短路后，系统中出现的短路电流比正常负荷电流大得多。在大电力系统中，短路电流可达几万安甚至几十万安。如此大的短路电流可对供电系统产生极大的危害：

（1）短路时要产生很大的电动力和很高的温度，而使故障元件和短路电路中的其他元件受到损害和破坏，甚至引发火灾事故。

（2）短路时电路的电压骤降，严重影响电气设备的正常运行。

(3) 短路时保护装置动作,将故障电路切除,从而造成停电,而且短路点越靠近电源,停电范围越大,造成的损失也越大。

(4) 严重的短路要影响电力系统运行的稳定性,可使并列运行的发电机组失去同步,造成系统解列。

(5) 不对称短路包括单相短路和两相短路,其短路电流将产生较强的不平衡交变电磁场,对附近的通信线路、电子设备等产生电磁干扰,影响其正常运行,甚至使之发生误动作。

由此可见,短路的后果是十分严重的,因此必须尽力设法消除可能引起短路的一切因素;同时需要进行短路电流的计算,以便正确地选择电气设备,使设备具有足够的动稳定性和热稳定性,以保证在发生可能有的最大短路电流时不致损坏。为了选择切除短路故障的开关电器、整定短路保护的继电保护装置和选择限制短路电流的元件(如电抗器)等,也必须计算短路电流。

三、短路的形式

在三相系统中,短路的形式有三相短路、两相短路、单相短路和两相接地短路等,如图 3-11 所示。其中两相接地短路,实质是两相短路。

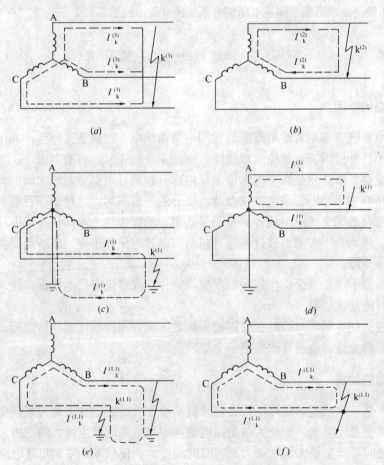

图 3-11 短路的形式(虚线表示短路电流路径)

$k^{(3)}$—三相短路; $k^{(2)}$—两相短路; $k^{(1)}$—单相短路; $k^{(1.1)}$—两相接地短路

按短路电路的对称性来分，三相短路属对称性短路，其他形式短路均为不对称短路。电力系统中，发生单相短路的可能性最大，而发生三相短路的可能性最小。但一般情况下特别是远离电源（发电机）的工厂供电系统中，三相短路的短路电流最大，因此造成的危害也最为严重。为了使电力系统中的电气设备在最严重的短路状态下也能可靠地工作，因此作为选择和校验电气设备用的短路计算中，以三相短路计算为主。实际上，不对称短路也可以按对称分量法将不对称的短路电流分解为对称的正序、负序和零序分量，然后按对称量来分析和计算，所以对称的三相短路分析计算也是不对称短路分析计算的基础。

第七节 线缆的选择

一、选择原则

导线、电缆的型号应根据它们所处的电压等级和使用场所来选择。导线、电缆的截面应按下列原则选择：

1. 按发热条件（负荷电流）选：在最大允许连续负荷电流下，导线发热不超过线芯所允许的温度，不会因过热而引起导线绝缘损坏或老化加快。
2. 按机械强度条件选：在正常的工作状态下，导线应有足够的机械强度，以防断线保证安全可靠运行。
3. 按允许电压损失选择：导线上的电压损失应低于最大允许值（5%），以保证电质量。
4. 按经济电流密度选择：应保证最低的电能损耗，并尽量减少有色金属的损耗。
5. 按热稳定最小截面来校验：在短路情况下，导线必须保证在一定的时间内，安全承受短路电流通过导线时所产生的热的作用，以保证供电安全。

通常厂区电网的导线截面按发热条件来选择，然后按电压损失加以校验；而工业、企业6~10kV的高压电源线路距离较长时（大于2km）宜按电压损失条件来选择导线截面，再按发热条件所允许的载流量来校验；对于高压架空线路，应按机械强度要求不能小于允许最小截面；对于1kV以下的动力或照明线路，虽然线路不长，但因负荷电流大，必须按允许电压损失来校验；对于电缆还应按短路时的热稳定来校验。

配电线路在以下情况（之一）时，应采用铜芯电线或电缆：
(1) 特等建筑（具有重大纪念、历史或国际意义的各类建筑）。
(2) 重要的公共建筑和居住建筑。
(3) 重要的资料室（包括档案室、书库等）、重要库房。
(4) 影剧院等人员聚集较多的场所。
(5) 连接于移动设备或敷设于剧烈震动的场所。
(6) 特别潮湿场所和对铝材质有严重腐蚀的场所。
(7) 易燃易爆场所。
(8) 有特殊规定的其他场所。

二、导线、电缆选择的计算方法

1. 按照发热条件（负荷电流）选择

$$I_j \geqslant I_{xu} \tag{3-21}$$

式中 I_{xu}——导线、电缆按发热条件允许的长期工作电流（A）。表 3-3、表 3-4 是不同型号的导线的载流量；

I_j——线路的计算电流（A）；

$$I_j = \frac{K_x \cdot \Sigma P}{\sqrt{3} \cdot U \cdot \cos\varphi} \tag{3-22}$$

式中 K_x——需要系数，表 3-5；

P——设备容量，对于长期工作制的设备就是铭牌功率值（kW）；

U——设备所在线路的线电压（kV）；

$\cos\varphi$——负荷的平均功率因数。

【例】 某钢筋加工场，负荷的总功率为 176kW，平均功率因数 0.8，需要系数 0.5，电源的线电压为 380V，用 BX 导线，求该负荷导线的截面积。

【解】

$$I_j = \frac{K_x \cdot \Sigma P}{\sqrt{3} \cdot U \cdot \cos\varphi} = \frac{0.5 \times 176}{\sqrt{3} \times 0.38 \times 0.8} = 167(A)$$

查表 3-3 可得，导线截面积为 35mm²，25℃时导线明敷设，其允许载流量为 170A，大于实际电流 167A。

橡胶绝缘电线空气中敷设长期负载下的载流量　　表 3-3

（电线型号为 BLXF、BLX、BX、BXR、BBLX、BBX 线芯允许温度为 +65℃）

标称截面（mm²）	铝芯载流量（A）	铜芯载流量（A）	标称截面（mm²）	铝芯载流量（A）	铜芯载流量（A）
1	—	19	50	165	210
1.5	—	24	70	210	270
2.5	24	32	95	258	330
4	32	43	120	310	410
6	40	56	150	360	470
10	58	80	185	420	550
16	80	105	240	510	670
25	105	140	300	600	770
35	130	170	400	730	940

塑料绝缘电线空气中敷设长期负载下的载流量　　表 3-4

（电线型号为 BLV、BV、BVR、RVB、RVS、RFB、RFS，线芯允许温度为 +65℃）

标称截面（mm²）	铝芯载流量（A）	铜芯载流量（A）	标称截面（mm²）	铝芯载流量（A）	铜芯载流量（A）
1	—	20	50	175	230
1.5	—	25	70	225	290
2.5	26	34	95	270	350
4	34	45	120	330	430
6	44	57	150	380	500
10	62	85	185	450	580
16	85	110	240	540	710
25	110	150	300	630	820
35	140	180	400	770	1000

土建施工用电设备的功率因数 $\cos\varphi$ 需要系数 K_x 表 3-5

用电设备名称	用电设备数目	需要系数	功率因数
混凝土搅拌机、砂浆搅拌机	10 以下	0.7	0.68
	10~30	0.6	0.65
	30 以上	0.5	0.5
破碎机、筛、洗石机空气压缩机、输送机	10 以下	0.75	0.75
	10~50	0.7	0.7
	50 以上	0.65	0.65
提升机、起重机、掘土机	10 以下	0.3	0.7
	10 以上	0.2	0.65
电焊机	10 以下	0.45	0.45
	10 以上	0.35	0.4
户外照明		1	1
除仓库外的户内照明		0.8	1
仓库照明		0.35	1

2. 按允许电压损失选择

供电线路的允许压损一般是 5%，根据导线材料等因素可以推导出按电压损失选择导线截面的计算公式为

$$S = \frac{K_x \cdot \Sigma(P \cdot L)}{C \cdot \Delta U} \tag{3-23}$$

式中　K_x——需要系数；

　　　P——设备容量，对于长期工作制的设备就是铭牌功率值（kW）；

　　　L——从电源到负荷点的距离（m）；

　　　ΔU——设备所在线路的允许电压损失百分比，公共电网允许电压损失为 ±5%，单位自用电源允许电压损失为 6%；临时供电线路允许电压损失为 8%。

　　　C——计算系数，在三相四线制供电系统中，铜线的计算系数 $C=77$，铝线的计算系数为 $C=46.3$；在单相 220V 供电系统中，铜线的计算系数 $C=12.8$；铝线的计算系数为 $C=7.75$。

【例】　如图 3-12，三相四线制系统中，采用 BLX 导线，杆距均为 40m，允许电压损失 5%，需要系数 0.6，问 ab 段导线截面积应选择多大？

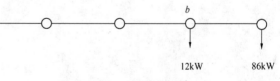

图 3-12　架空线路

【解】

$$S = \frac{K_x \cdot \Sigma(P \cdot L)}{C \cdot \Delta U} = \frac{0.6 \times (12 \times 120 + 86 \times 160)}{46.3 \times 5} = 39.40(\text{mm}^2)$$

查表 3-3 可得，选取截面为 50mm²。

3. 按机械强度选择导线

导线截面不得小于表 3-6 中的要求。

按机械强度选择导线截面（mm²） 表3-6

	铜 线		铝 线		钢 线
	绝缘线	裸线	绝缘线	裸线	裸线
室外	4	6	16	25	10
室内	1	—	2.5	—	—

第四章 低压电器设备

低压一次电器设备，是指供电系统中 1000V 及其以下的电器设备。

第一节 低压熔断器

低压熔断器的功能，主要是实现低压配电系统的短路保护，有的熔断器也能实现过负荷保护。

低压熔断器的类型很多，如插入式（RC 型）、螺旋式（RL 型）、无填料密封管式（RM 型）、有填料封闭管式（RT 型）以及引进技术生产的有填料管式 gF、aM 系列、高分断能力的 NT 型等。

国产低压熔断器全型号的表示和含义如下：

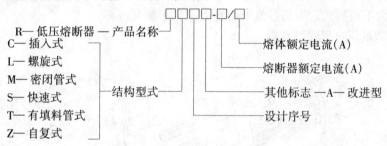

下面主要介绍低压配电系统中应用较多的密闭管式（RM10）和有填料封闭管式（RT0）两种低压熔断器，此外简介一种自复式（RZ1）熔断器。

1. RM10 型低压密闭管式熔断器

RM10 型熔断器由纤维熔管、变截面锌熔片和触头底座等部分组成，其熔管结构如图 4-1（a）所示，其熔管内安装的变截面锌熔片如图 4-1（b）所示。锌熔片之所以冲制成宽窄不一的变截面，目的在于改善熔断器的保护性能。短路时，短路电流首先使熔片窄部加热熔断，使熔管内形成几段串联短弧，而且中段熔片熔断后跌落，迅速拉长电弧，从而使电弧迅速熄灭。在过负荷电流通过时，由于电流加热时间较长，熔片窄部散热较好，因此往往不在窄部熔断，而在宽窄之间的斜部熔断。根据熔片熔断的部位，即可大致判断熔断器熔断的故障电流性质。

当其熔片熔断时，纤维管的内壁将有极少部分纤维物质因电弧烧灼而分解，产生高压气体，压迫电弧，加强离子的复合，从而改善了灭弧性能。但总的来说，这种熔断器的灭弧断流能力仍不强，不能在短路电流到达冲击值之前完全熄弧，因此这种熔断器属非限流熔断器。

这种熔断器由于其结构简单、价廉及更换熔片方便，因此现在仍较普遍地应用在低压配电装置中。

2. RT0 型低压有填料封闭管式熔断器

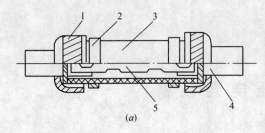

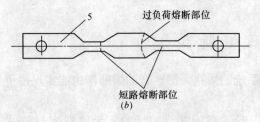

图 4-1　RM10 型低压熔断器
(a) 熔管；(b) 熔片
1—铜管帽；2—管夹；3—纤维熔管；4—刀形触头（触刀）；5—变截面锌熔片

RT0 型熔断器主要由瓷熔管、栅状铜熔体和触头底座等几部分组成，如图 4-2 所示。其栅状铜熔体系由薄铜片冲压弯制而成，具有引燃栅。由于引燃栅的等电位作用，可使熔体在短路电流通过时形成多根并列电弧。同时熔体又具有变截面小孔，可使熔体在短路电流通过时又将长弧分割为多段短弧。而且所有电弧都在石英砂内燃烧，可使电弧中的正负离子强烈复合。因此这种熔断器的灭弧断流能力很强，属限流熔断器。由于该熔体中段弯曲处具有"锡桥"，利用其"冶金效应"来实现对较小短路电流和过负荷的保护。熔体熔断后，有红色的熔断指示器从一端弹出，便于运行人员检视。

RT0 型熔断器由于其保护性能好和断流能力大，因此广泛应用在低压配电装置中。

但是其熔体为不可拆式，熔断后整个熔管更换，不够经济。

3. RZ1 型低压自复式熔断器

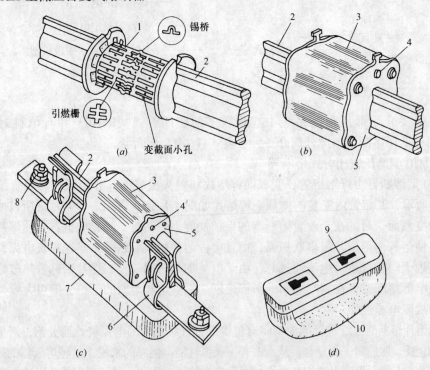

图 4-2　RT0 型低压熔断器
(a) 熔体；(b) 熔管；(c) 熔断器；(d) 绝缘操作手柄
1—栅状铜熔体；2—刀形触头（触刀）；3—瓷熔管；4—熔断指示器；5—盖板；
6—弹性触座；7—瓷质底座；8—接线端子；9—扣眼；10—绝缘拉手手柄

一般熔断器包括上述 RM 型和 RT 型熔断器，都有一个共同缺点，就是在熔体一旦熔断后，必须更换熔体才能恢复供电，因而使停电时间延长，给配电系统和用电负荷造成一定的停电损失。这里介绍的自复式熔断器弥补了这一缺点，既能切断短路电流，又能在故障消除后自动恢复供电，无需更换熔体。

我国设计生产的 RZ1 型自复式熔断器如图 4-3 所示。它采用金属钠作熔体。在常温下，钠的电阻率很小，可以顺畅地通过正常负荷电流，但在短路时，钠受热迅速气化，其电阻率变得很大，从而可限制短路电流。在金属钠气化限流的过程中，装在熔断器一端的活塞将压缩氩气而迅速后退，降低由于钠气化产生的压力，以防熔管爆裂。在限流动作结束后，钠蒸气冷却，又恢复为固态钠；而活塞在被压缩的氩气作用下，迅速将金属钠推回原位，使之恢复正常工作状态。这就是自复式熔断器能自动切断短路电流后又能自动恢复正常工作状态的基本原理。

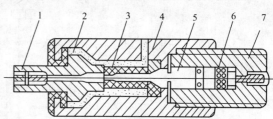

图 4-3 RZ1 型低压自复式熔断器
1—接线端子；2—云母玻璃；3—氧化铍瓷管；4—不锈钢外壳；5—钠熔体；6—氩气；7—接线端子

自复式熔断器通常与低压断路器配合使用，甚至组合为一种电器。我国生产的 DZ10-100R 型低压断路器，就是 DZ10-100 型低压断路器与 RZ1-100 型自复式熔断器的组合，利用自复式熔断器来切断短路电流，而利用低压断路器来通断电路和实现过负荷保护，从而既能有效地切断短路电流，又能减轻低压断路器的工作，提高供电可靠性。不过目前尚未得到推广应用。

第二节　低压刀开关和负荷开关

一、低压刀开关

低压刀开关（符号为 QK）的类型很多。按其操作方式分，有单投和双投。按其极数

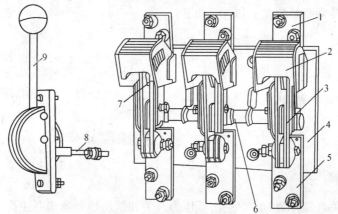

图 4-4 HD13 型低压刀开关
1—上接线端子；2—钢片灭弧罩；3—闸刀；4—底座；5—下接线端子；
6—主轴；7—静触头；8—传动连杆；9—操作手柄

分，有单极、双极和三极。按其灭弧结构分，有不带灭弧罩和带灭弧罩的两种。不带灭弧罩的刀开关一般只能在无负荷或小负荷下操作，作隔离开关使用。带有灭弧罩的刀开关，如图4-4所示，能通断一定的负荷电流。

低压刀开关全型号的表示和含义如下：

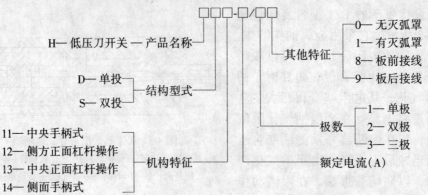

二、低压熔断器式刀开关

低压熔断器式刀开关又称刀熔开关（符号为QKF），是一种由低压刀开关与低压熔断器组合的开关电器。最常见的HR3型刀熔开关，就是将HD型刀开关的闸刀换以RT0型熔断器的具有刀形触头的熔管，如图4-5所示。

刀熔开关具有刀开关和熔断器的双重功能。采用这种组合型开关电器，可以简化配电装置结构，经济实用，因此越来越广泛地在低压配电柜上安装使用。

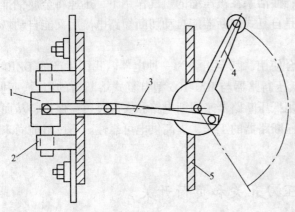

图4-5 刀熔开关结构示意图
1—RT0型熔断器的熔断体；2—弹性触座；3—传动连杆；4—操作手柄；5—配电屏面板

低压刀熔开关全型号的表示和含义如下：

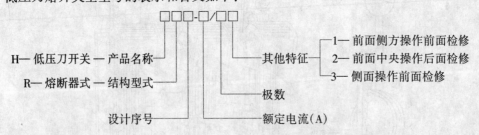

三、低压负荷开关

低压负荷开关（符号为QL），是由低压力开关和低压熔断器串联组合而成、外装封闭式铁壳或开启式胶盖的开关电器。低压负荷开关具有带灭弧罩刀开关和熔断器的双重功能，既可带负荷操作，又能进行短路保护，但短路熔断后需更换熔体才能恢复供电。

低压负荷开关全型号的表示和含义如下：

HH—封闭式负荷开关
HK—开启式负荷开关

第三节 低压断路器

低压断路器（符号为 QF），又称低压自动开关，它既能带负荷通断电路，又能在短路、过负荷和低电压（失压）下自动跳闸，其功能与高压断路器类似，其原理结构和接线如图 4-6 所示。当线路上出现短路故障时，其过流脱扣器动作，使开关跳闸。如果出现过负荷时，其串联在一次线路的加热电阻丝加热，使双金属片弯曲，也使开关跳闸。当线路电压严重下降或失压时，其失压脱扣器动作，同样使开关跳闸。如果按下脱扣按钮可使开关远距离跳闸。

低压断路器按灭弧介质分类，有空气断路器和真空断路器等；按用途分类，有配电用断路器、电动机保护用断路器、照明用断路器和漏电保护用断路器等。

配电用低压断路器按保护性能分，有非选择型和选择型两类。非选择型断路器，一般为瞬时动作，

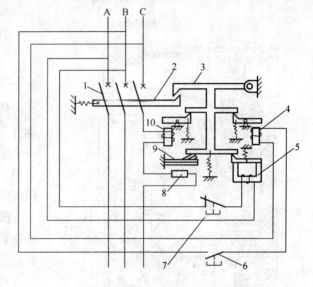

图 4-6 低压断路器的原理结构和接线
1—主触头；2—跳钩；3—锁扣；4—分励脱扣器；5—失压脱扣器；
6、7—脱扣按钮；8—加热电阻丝；9—热脱扣器；10—过流脱扣器

只作短路保护用；也有的为长延时动作，只作过负荷保护。选择型断路器，有两段保护、三段保护和智能化保护。两段保护为瞬时—长延时特性或短延时—长延时特性。三段保护

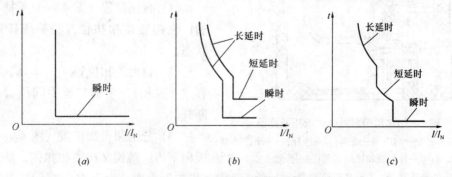

图 4-7 低压断路器的保护特性曲线
（a）瞬时动作式；（b）两段保护式；（c）三段保护式

为瞬时—短延时—长延时特性。瞬时和短延时特性适于短路保护，长延时特性适于过负荷保护。图4-7表示低压断路器的上述三种保护特性曲线。而智能化保护，其脱扣器为微处理器或单片机控制，保护功能更多，选择性更好，这种断路器称为智能型断路器。

配电用低压断路器按结构型式分，有塑料外壳式和万能式两大类。

低压断路器全型号的表示和含义如下：

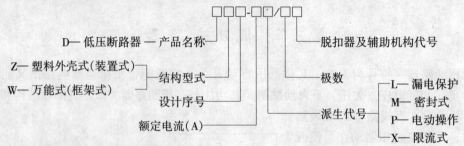

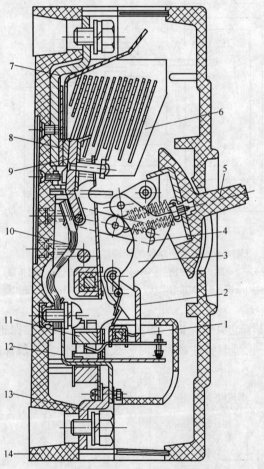

图4-8 DZ型塑料外壳式低压断路器
1—牵引杆；2—锁扣；3—跳钩；4—连杆；5—操作手柄；6—灭弧室；7—引入线和接线端子；8—静触头；9—动触头；10—可挠连接条；11—电磁脱扣器；12—热脱扣器；13—引出线和接线端子；14—塑料底座

一、塑料外壳式低压断路器

塑料外壳式低压断路器又称装置式自动开关，其全部机构和导电部分都装设在一个塑料外壳内，仅在壳盖中央露出操作手柄，供手动操作之用。它通常装设在低压配电装置之中。

图4-8是一种DZ型塑料外壳式低压断路器的剖面图，图4-9是该断路器操作机构的传动原理示意图。

低压断路器的操作机构一般采用四连杆机构，可自由脱扣。按操作方式分，有手动和电动两种。手动操作是利用操作手柄或杠杆操作，电动操作是利用专门的电磁线圈或控制电机操作。

低压断路器的操作手柄有三个位置：
(1) 合闸位置（图4-9a）手柄扳向上边，跳钩被锁扣扣住，触头维持在闭合状态。

(2) 自由脱扣位置（图4-9b）跳钩被释放（脱扣），手柄移至中间位置，触头断开。

(3) 分闸和再扣位置（图4-9c）手柄扳向下边，跳钩又被锁扣扣住，从而完成"再扣"操作，为下次合闸做好准备。如果断路器自动跳闸后，不将手柄扳向再扣位置（即分闸位置），想直接合闸是合不上的。这不只是塑料外壳式断路器如此，万能式断路器也是这样。

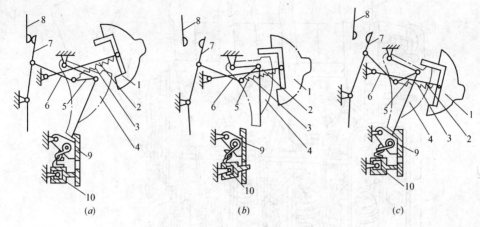

图 4-9 DZ 型断路器操作机构传动原理说明
（a）合闸位置；（b）自由脱扣位置；（c）分闸再扣位置
1—操作手柄；2—操作杆；3—弹簧；4—跳钩；5—上连杆；6—下连杆；
7—动触头；8—静触头；9—锁扣；10—牵引杆

DZ 型断路器可根据工作要求装设以下脱扣器：①复式脱扣器，可同时实现过负荷保护和短路保护；②电磁脱扣器，只作短路保护；③热脱扣器，为双金属片，只作过负荷保护。

目前推广应用的塑料外壳式断路器有 DZX10、DZ15、DZ20 等型及引进技术生产的 H、C45N、3VE 等型，此外还生产有智能型塑料外壳式断路器如 DZ40 等型。

二、万能式低压断路器

万能式低压断路器又称框架式自动开关。它是敞开地装设在金属框架上的，而其保护方案和操作方式较多，装设地点也较灵活，故名"万能式"或"框架式"。

图 4-10 是一种 DW 型万能式低压断路器的外形结构图。

DW 型断路器的合闸操作方式较多，除手柄操作外，还有杠杆操作、电磁操作和电动机操作等。

图 4-11 是 DW 型断路器的交直流电磁合闸控制回路。当断路器利用电磁合闸线圈 YO 进行远距离合闸时，按下合闸按钮 SB，使合闸接触器 KO 通电动作，于是电磁合闸线圈（合闸电磁铁）YO 通电，使断路器 QF 合闸。但是合闸线圈 YO 是按短时大功率设计的，允许通电时间不得超过 1s，因此在断路器 QF 合闸后，应立即使 YO 断电。这一要求靠时间断电器 KT 来实现。在按下按钮 SB 时，不仅使接触器 KO 通电，而且同时使时间继电器 KT 通电。KO 线圈通电后，其触点 KO1-2 闭合，保持 KO 线圈通电（即自锁）；而 KT 线圈通电后，其触点 KT1-2 在 KO 线圈通电时间达 1s（QF 已合闸）时自动断开，使 KO 线圈断电，从而保证合闸线圈 YO 通电时间不致超过 1s。

时间继电器的另一对常开触点 KT3-4 是用来"防跳"的。当按钮 SB 按下不返回或被粘住、而断路器 QF 又闭合在永久性短路故障上时，QF 的过流脱扣器（图 4-11 上未示出）

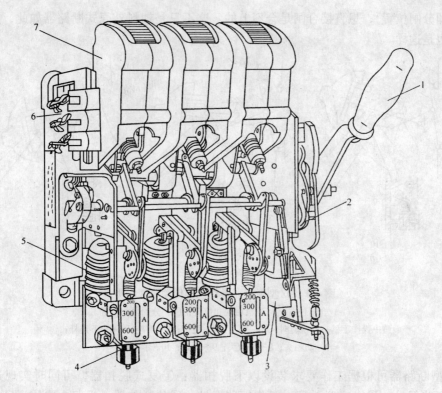

图 4-10 DW 型万能式低压断路器
1—操作手柄；2—自由脱扣机构；3—失压脱扣器；4—过流脱扣器电流调节螺母；
5—过流脱扣器；6—辅助触点（联锁触点）；7—灭弧罩

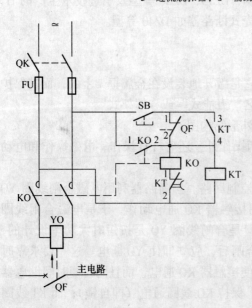

图 4-11 DW 型低压断路器的交直流
电磁合闸控制回路
QF—低压断路器；SB—合闸按钮；KT—时间继电器；
KO—合闸接触器；YO—电磁合闸线圈

瞬时动作，使 QF 跳闸。这时断路器的联锁触头 QF1-2 返回闭合。如果没有接入时间继电器 KT 及其常闭触点 KT1-2 和常开触点 KT3-4，则合闸接触器 KO 将再次通电动作，使合闸线圈 YO 再次通电，使断路器 QF 再次合闸。但由于线路上还存在短路故障，因此断路器 QF 又要跳闸，而其联锁触头 QF1-2 返回时又将使断路器 QF 又一次合闸……。断路器 QF 如此反复地在短路故障状态下跳闸、合闸，称为"跳动"现象，将使断路器触头烧毁，并将危及整个一次电路，使故障扩大。为此加装时间继电器常开触点 KT3-4，如图 4-11 所示。当断路器 QF 因短路故障自动跳闸时，其联锁触头 QF1-2 返回闭合，但由于在 SB 按下不返回时，时间继电器 KT 一直处于动作状态，其常开触点 KT3-4 一直闭合，而其常闭触点 KT1-2 则一直断开，因此合闸接触器 KO 不会通电，断路器 QF 也就不可能再次合闸，从而达到了"防跳"的目的。

低压断路器的联锁触头 QF1-2 用来保证电磁合闸线圈 YO 在 QF 合闸后不致再次误通电。

目前推广应用的万能式低压断路器有 DW15、DW15X、DW16 等型及引进技术生产的 ME、AH 等型。此外还生产有智能型万能式断路器如 DW48 等型，其中 DW16 型保留了 DW10 型结构简单、使用维修方便和价廉的特点，而在保护性能方面大有改善，是取代 DW10 的新产品。

第四节 电流互感器和电压互感器

一、电流互感器

电流互感器（符号 TA），又称仪用变流器。电压互感器（符号 TV），又称仪用变压器。

互感器的功能主要是：

(1) 用来使仪表、继电器等二次设备与主电路绝缘　这既可避免主电路的高电压直接引入仪表、继电器等二次设备，又可防止仪表、继电器等二次设备的故障影响主电路，提高一、二次电路的安全性和可靠性，并有利于人身安全。

(2) 用来扩大仪表、继电器等二次设备的应用范围　例如用一只 5A 的电流表，通过不同变流比的电流互感器就可测量任意大的电流。同样，用一只 100V 的电压表，通过不同电流比的电压互感器就可测量任意高的电压。而且由于采用了互感器，可使二次仪表、继电器等设备的规格统一，有利于这些设备的批量生产。

电流互感器的基本结构原理图如图 4-12 所示。它的结构特点是：一次绕组匝数很少，有的电流互感器（例如母线式）还没有一次绕组，利用穿过其铁心的一次电路（如母线）作为一次绕组（相当于匝数为 1），而且一次绕组导体相当粗；其二次绕组匝数很多，导体较细。工作时，一次绕组串接在被测的一次电路中，而二次绕组则与仪表、继电器等的电流线圈串联，形成一个闭合回路。由于这些电流线圈的阻抗很小，因此电流互感器工作时其二次回路接近于短路状态。二次绕组的额定电流一般为 5A。

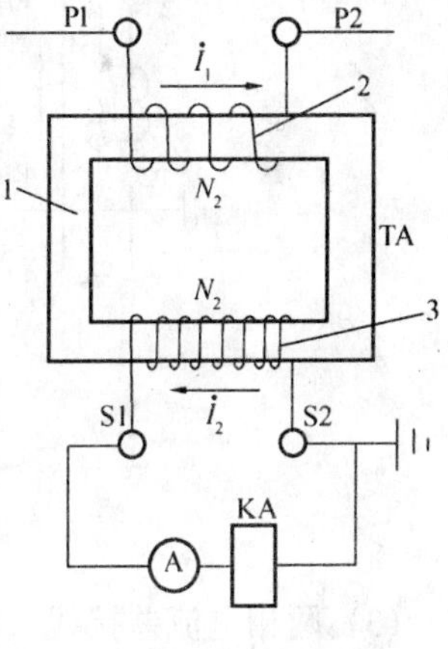

电流互感器的一次电流 I_1 与其二次电流 I_2 之间有下列关系：

$$I_1 \approx \frac{N_2}{N_1} I_2 \approx K_i I_2 \qquad (4-1)$$

图 4-12　电流互感器
1—铁心；2—一次绕组；
3—二次绕组

式中，N_1、N_2 分别为电流互感器一、二次绕组匝数；K_i 为电流互感器的电流比，一般表示为其一、二次的额定电流之比，即 $K_i = I_{1N}/I_{2N}$，例如 100A/5A。

电流互感器在三相电路中的几种常见接线方案如图 4-13 所示。

(1) 一相式接线（图 4-13a） 电流线圈通过的电流，反映一次电路相应相的电流。通常用于负荷平衡的三相电路如低压动力线路中，供测量电流、电能或接过负荷保护装置之用。

(2) 两相 V 形接线（图 4-13b） 也称为两相不完全星形接线。在继电保护装置中，称为两相两继电器接线。在中性点不接地的三相三线制电路中（如 6～10kV 高压电路中），广泛用于测量三相电流、电能及作过电流继电保护之用。由图 4-14 所示相量图可知，两相 V 形接线的公共线上的电流为 $\dot{i}_a + \dot{i}_c = -\dot{i}_b$，反映的是未接电流互感器那一相的相电流。

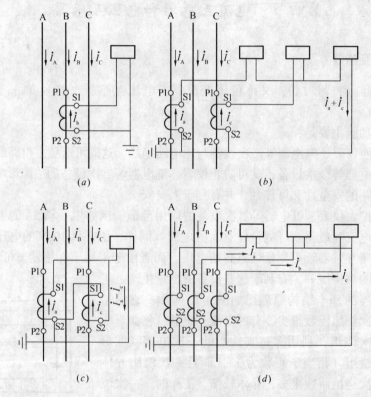

图 4-13 电流互感器的接线方案
(a) 一相式接线；(b) 两相 V 形接线；
(c) 两相电流差接线；(d) 三相星形接线

(3) 两相电流差接线（图 4-13c） 由图 4-15 所示相量图可知，互感器二次侧公共线上电流为 $\dot{i}_a - \dot{i}_c$，其量值为相电流的 $\sqrt{3}$ 倍。这种接线适于中性点不接地的三相三线制电路中（如 6～10kV 高压电路中）供作过电流继电保护之用。在继电保护装置中，此接线也称为两相一继电器接线。

(4) 三相星形接线（图 4-13d） 这种接线中的三个电流线圈，正好反映各相的电流，广泛用在负荷一般不平衡的三相四线制系统如 TN 系统中，也用在负荷可能不平衡的三相三线制系统中，作三相电流、电能测量及过电流继电保护之用。

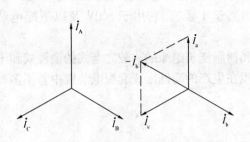
图 4-14 两相 V 形接线电流互感器
的一、二次电流相量图

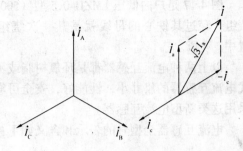
图 4-15 两相电流差接线电流互感器
的一、二次电流相量图

二、电流互感器的类型与型号

电流互感器的类型很多。按一次绕组的匝数分，有单匝式（包括母线式、芯柱式、套管式）和多匝式（包括线圈式、线环式、串级式）。按一次电压分，有高压和低压两大类。按用途分，有测量用和保护用两大类。按准确度级分，测量用电流互感器有 0.1、0.2、0.5、1、3、5 等级，保护用电流互感器有 5P、10P 两级。

高压电流互感器多制成不同准确度级的两个铁心和两个二次绕组，分别接测量仪表和继电器，以满足测量和保护的不同要求。电气测量对电流互感器的准确度要求较高，且要求在一次电路短路时仪表受的冲击小，因此测量用电流互感器的铁心在一次电路短路时应易于饱和，以限制二次电流的增长倍数。而继电保护用电流互感器的铁心则在一次电流短路时不应饱和，使二次电流能与一次电流成比例地增长，以适应保护灵敏度的要求。

图 4-16 是户内高压 LQJ-10 型电流互感器的外形图。它有两个铁心和两个二次绕组，分别为 0.5 级和 3 级，0.5 级用于测量，3 级用于继电保护。

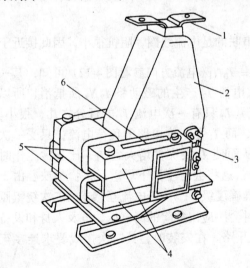

图 4-16 LQJ-10 型电流互感器
1——次接线端子；2——次绕组（树脂浇筑）；
3—二次接线端子；4—铁心；5—二次绕组；
6—警示牌（上写"二次侧不得开路"等字样）

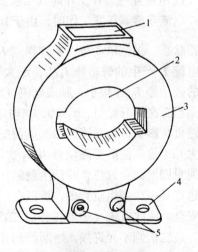

图 4-17 LMZJ1-0.5 型电流互感器
1—铭牌；2——次母线穿孔；3—铁心，外绕二次绕组，树脂浇筑；
4—安装板；5—二次接线端子

图 4-17 是户内低压 LMZJ1-0.5 型（500～800/5A）电流互感器的外形图。它不含一次绕组，穿过其铁心的母线就是其一次绕组（相当于 1 匝）。它用于 500V 及以下配电装置中。

以上两种电流互感器都是环氧树脂或不饱和树脂浇筑绝缘的，较之老式的油浸式和干式电流互感器的尺寸小，性能好，安全可靠，现在生产的高低压成套配电装置中差不多都采用这类新型电流互感器。

电流互感器全型号的表示和含义如下：

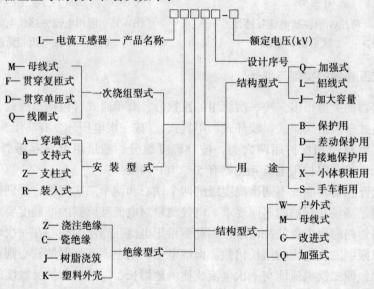

三、电流互感器的注意事项

1. 电流互感器在工作时其二次侧不得开路

电流互感器正常工作时，由于其二次回路串联的是电流线圈，阻抗很小，因此接近于短路状态。根据磁动势平衡方程式 $\dot{I}_1 N_1 - \dot{I}_2 N_2 = \dot{I}_0 N_1$（电流方向参看图 4-12）可知，其一次电流 I_1 产生的磁动势 $I_1 N_1$，绝大部分被二次电流 I_2 产生的磁动势 $I_2 N_2$ 所抵消，所以总的磁动势 $I_0 N_1$ 很小，励磁电流（即空载电流）I_0 只有一次电流 I_1 的百分之几，很小。但是当二次侧开路时，$I_2 = 0$，这时迫使 $I_0 = I_1$，而 I_1 是一次电路的负荷电流，只受一次电路负荷影响，与互感器二次负荷变化无关，从而使 I_0 要突然增大到 I_1，比正常工作时增大几十倍，使励磁磁动势 $I_0 N_1$ 也增大几十倍，这将会产生如下严重后果：①铁心由于磁通量剧增而会过热，并产生剩磁，降低铁心准确度级；②由于电流互感器的二次绕组匝数远比其一次绕组匝数多，所以在二次侧开路时会感应出危险的高电压，危及人身和设备的安全。因此电流互感器工作时二次侧不允许开路。在安装时，其二次接线要求连接牢靠，且二次侧不允许接入熔断器和开关。

2. 电流互感器的二次侧有一端必须接地

互感器二次侧有一端必须接地，是为了防止其一、二次绕组间绝缘击穿时，一次侧的高电压窜入二次侧，危及人身和设备的安全。

3. 电流互感器在连接时，要注意其端子的极性按照规定，我国互感器和变压器的绕组端子，均采用"减极性"标号法。

所谓"减极性"标号法，就是互感器按图 4-18 所示接线时，一次绕组接上电压 U_1，二次绕组感应出电压 U_2。这时将一对同名端短接，则在另一对同名端测出的电压为 $U = |U_1 - U_2|$。

用"减极性"法所确定的"同名端"，实际上就是"同极性端"，即在同一瞬间，两个对应的同名端同为高电位，或同为低电位。

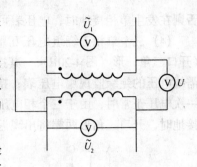

图 4-18 互感器的"减极性"判别法
U_1—输入电压；U_2—输出电压

过去规定，电流互感器的一、二次绕组端子分别标 L1、L2 和 K1、K2，其中 L1 与 K1 为同名端，L2 与 K2 为同名端。《电流互感器》（GB 1208—1997）规定，一次绕组端子标 P1、P2，二次绕组端子标 S1、S2，其中 P1 与 S1、P2 与 S2 分别为对应的同名端。由图 4-12 可知，如果一次电流 I_1 从 P1 流向 P2，则二次电流 I_2 从 S2 流向 S1。

在安装使用电流互感器时，一定要注意端子的极性，否则其二次仪表、继电器中流过的电流就不是预想的电流，甚至可能引起事故。例如图 4-13b 中 C 相电流互感器的 S1、S2 如果接反，则公共线中的电流就不是相电流，而是相电流的 $\sqrt{3}$ 倍，可能使电流表烧坏。

4. 电压互感器

电压互感器的基本结构原理图如图 4-19 所示。它的结构特点是：一次绕组匝数很多，二次绕组匝数较少，相当于降压变压器。工作时，一次绕组并联在一次电路中，而二次绕组则并联仪表、继电器的电压线圈。由于电压线圈的阻抗一般都很大，所以电压互感器工作时其二次侧接近于空载状态。二次绕组的额定电压一般为 100V。

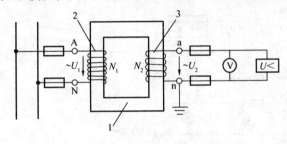

图 4-19 电压互感器
1—铁心；2——次绕组；3—二次绕组

电压互感器的一次电压 U_1 与其二次电压 U_2 之间有下列关系：

$$U_1 \approx \frac{N_1}{N_2} U_2 \approx K_u U_2 \tag{4-2}$$

式中，N_1、N_2 为电压互感器一、二次绕组的匝数；K_u 为电压互感器的电压比，一般表示为其额定一、二次电压比，即 $K_u = U_{1N}/U_{2N}$，例如 10000V/100V。

电压互感器在三相电路中有如图 4-20 所示的几种常见的接线方案。

(1) 一个单相电压互感器的接线（图 4-20a） 供仪表、继电器接于一个线电压。

(2) 两个单相电压互感器接成 V/V 形（图 4-20b） 供仪表、继电器接于三相三线制电路的各个线电压，广泛用在工厂变配电室的 6~10kV 高压配电装置中。

(3) 三个单相电压互感器接成 Y_0/Y_0 形（图 4-20c）供电给要求线电压的仪表、继电器，并供电给接相电压的绝缘监视电压表。由于小接地电流电力系统在一次电路发生单相接地时，另两个完好相的相电压要升高到线电压，所以绝缘监视电压表要按线电压选择，否则在发生单相接地时，电压表可能被烧毁。

（4）三个单相三绕组电压互感器或一个三相五芯柱三绕组电压互感器接成 $Y_0/Y_0/\triangle$（开口三角）形（图4-20d）　其接成 Y_0 的二次绕组，供电给需线电压的仪表、继电器及需线电压的绝缘监视用电压表；接成△（开口三角）形的辅助二次绕组，接电压继电器。一次电压正常时，由于三个相电压对称，因此开口三角形两端的电压接近于零。当某一相接地时，开口三角形两端将出现近100V的零序电压，使电压继电器动作，发出信号。

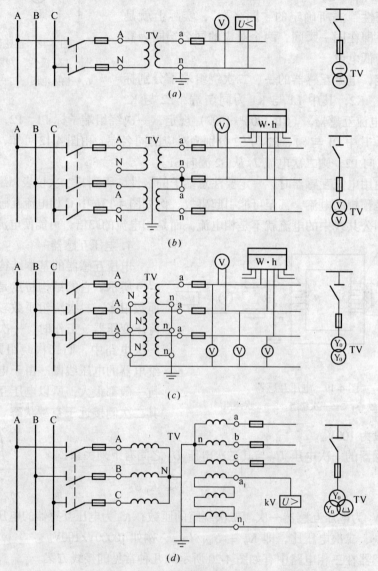

图4-20　电压互感器的接线方案

(a)一个单相电压互感器；(b)两个单相电压互感器接成 V/V 型；(c)三个单相电压互感器接成 Y_0/Y_0 形；(d)三个单相三绕组或一个三相五芯柱三绕组电压互感器接成 $Y_0/Y_0/\triangle$（开口三角）形

5．电压互感器的类型与型号

电压互感器按相数分，有单相和三相两类。按绝缘及其冷却方式分，有干式（含环氧树脂浇筑式）和油浸式两类。图 4-21 是应用广泛的单相三绕组、环氧树脂浇筑绝缘的户内 JDZJ-10 型电压互感器外形图。三个 JDZJ-10 型电压互感器可接成图 4-20d 所示 $Y_0/Y_0/\triangle$ 联结，供小接地电流系统中作电压、电能测量及绝缘监视之用。

电压互感器全型号的表示和含义如下：

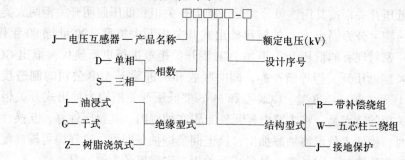

6. 电压互感器的注意事项

（1）电压互感器工作时其二次侧不得短路

由于电压互感器一、二次绕组都是在并联状态下工作的，如果二次侧短路，将产生很大的短路电流，有可能烧毁互感器，甚至影响一次电路的安全运行。因此电压互感器的一、二次侧都必须装设熔断器进行短路保护。

（2）电压互感器的二次侧有一端必须接地

这与电流互感器二次侧有一端接地的目的相同，也是为了防止一、二次绕组间的绝缘击穿时，一次侧的高电压窜入二次侧，危及人身和设备的安全。

（3）电压互感器在连接时也应注意其端子的极性

过去规定，单相电压互感器的一、二次绕组端子标以 A、X 和 a、x，端子 A 与 a、X 与 x 各为对应的"同名端"或"同极性端"；而三相电压互感器，按照相序，一次绕组端子分别标 A、X，B、Y、C、Z，二次绕组端子分别对应地标 a、x、b、y、c、z。端子 A 与 a、B 与 b、C 与 c、X 与 x、Y 与 y、Z 与 z 各为对应的"同名端"或"同极性端"。《电压互感器》（GB 1207—1997）规定，单相电压互感器的一、二次绕组端子标以 A、N 和 a、n，端子 A 与 a、N 与 n 各为对应的"同名端"或"同极性端"；而三相电压互感器，一次绕组端子分别标 A、B、C、N，二次绕组端子分别标 a、b、c、n，A 与 a、B 与 b、C 与 c 及 N 与 n 分别为"同名端"或"同极性端"，其中 N 与 n 分别为一、二次三相绕组的中性点。电压互感器连接时端子极性错误也是不行的，要出问题的。

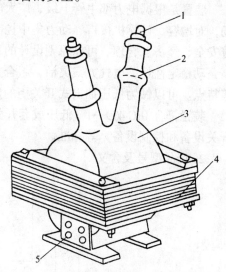

图 4-21 JDZJ-10 型电压互感器
1——次接线端子；2—高压绝缘套管；
3——、二次绕组，树脂浇筑绝缘；
4—铁心；5—二次接线端子

第五节 低压开关柜

低压开关柜是按电气系统图的要求,将有关一、二次电器元件组装而成的一种低压成套配电装置。低压开关柜按其用途可分为低压动力开关柜和低压照明开关柜两大类型,低压开关柜按其结构可分为固定式开关柜和抽出式开关柜两大类型。20 世纪 80 年代以后,我国成套设备厂家对现有的低压开关柜如 PGL 型开关柜等进行更新换代,推出 GCS 型低压开关柜、GCK 型低压开关柜等新产品,同时吸收和引进瑞士 ABB 公司的制造技术,研发出 MNS 型低压开关柜。GCS 型、GCK 型和 MNS 型低压开关柜均为抽出式开关柜,这种类型的低压开关柜的特点是:将主要电器元件布置在抽屉内,其封闭性好,互换性好。出现故障或检修时,检修人员仅将抽屉抽出,换上同类型抽屉即可,这样即可提高配电系统的可靠性,又便于故障的及时处理,是低压开关柜未来发展的主流产品。

一、GCS 型低压开关柜

1. 适用范围

适用于发电厂、变电站、石油化工部门、厂矿企业、饭店及高层建筑等低压配电系统的支动力,配电和电动机控制中心、电容补偿等的电能转换、分配与控制。

在大单机容量的发电厂,大规模石化等行业的低压动力控制中心和电动机控制中心等使用场合时能满足与计算机接口特殊需要。

装置是根据电力部主管上级、广大电力用户及设计部门的要求,为满足不断的电力市场,对增容、计算机接口、动力集中控制、方便安装维修、缩短事故处理时间等需要,本着安全、经济、合理、可靠原则设计的新型低压抽出式开关柜。产品具有分断、接通能力高,动稳定性好,电气方案灵活,组合方便,系列性、实用性强,结构新颖,防护等级高等特点。可以做为低压抽出式开关柜的换代产品使用。如图 4-22 所示。

装置符合 IEC 439—1《低压成套开关设备和控制设备》,GB 7251.1—1997《低压成套开关设备和控制设备》等标准。

2. 产品型号及含义

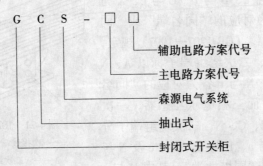

3. 使用条件

(1) 周围空气温度不高于 +40℃,不低于 -5℃。24 小时内平均温度不得高于 +35℃。超过时,需根据实际情况降容运行。

(2) 户内使用,使用地点的海拔不得超过 2000m。

(3) 周围空气相对湿度，在最高温度为 +40℃时不超过 50%，在较低温度时允许有较大的相对湿度，如 +20℃时为 90%，应考虑到由于温度的变化可能会偶然产生凝露的影响。

(4) 装置安装时与垂直面的倾斜度不超过 5%，且整组柜的排列相对平整。

(5) 装置应安装在无剧烈震动和冲击以及不足以使电器元件受到腐蚀的场所。

(6) 用户有特殊要求时，可以与制造厂协商解决。

4．电气性能

(1) 基本电气参数

GCS 低压开关柜基本电气参数见表 4-1 所示。

GCS 低压开关柜基本电气参数　　　　　　　　表 4-1

额定绝缘电压		交流 660 (1000) V
额定工作电压	主电路	交流 380 (660) V
	辅助电路	交流 380、220V
		直流 220、110V
额定频率		50 (60) Hz
水平母线额定电流		≤4000A
垂直母线额定电流		1000A
额定峰值耐受电流 (0.1s)		105、176kA
额定短时耐受电流 (1s)		50、80kA

(2) 主电路方案

装置主电路方案共 32 组 118 个规格，额定工作电压为 400V，适合 2500kV·A 及以下的配电变压器选用。此外，为适应供用电提高功率因数的需要而设计了电容补偿柜；考虑综合投资的需要而设计了电抗器柜。

(3) 辅助电路方案

直流操作辅助电路 120 个。

直流操作部分的辅助电路方案，主要用于发电厂、变电站的低压厂（所）用电系统；适用于 200MW 及以下和 300MW 及以上容量机组低压厂用电系统，工作（备用）电源进线，电源馈线和电动机馈线的一般控制方式。

交流操作部分的辅助方案主要用于厂矿企业及高层建筑的变电所的低压系统。其中适用于双电源进线操作控制的组合方案。并设有操作电气联锁备用自投、自复等控制电路。工程设计中可以直接采用。

直流控制电源为直流 220V 或 110V，交流控制电源为交流 380V 或 220V。由抽屉单元组成的成套柜，220V 控制电源引自本柜内专设控制变压器供电的公用控制电源，公用控制电源采用不接地方式控制变压器，留有 24V 电源供需要用弱电信号灯时采用。

(4) 母线

全部采用 TMY-T2 系列硬铜排。

1) 水平母线置于柜后部母线隔室内，3150A 及以上为单层布置或上下双层布置，2500A 及以下为单层布置。装置水平母线铜排选用见表 4-2 所示。

水平母线铜排选用　　　　　　　　　表 4-2

额定电流（A）	铜排规范（mm）
630　1250	2（50×5）
1600	2（60×6）
2000	2（60×10）
2500	2（80×10）
3150	2（120×10）或 2×2（60×6）
4000	3（100×10）或 2×2（60×10）

2）垂直母线采用"L"形硬铜搪锡母线

"L"形母线规格（mm）：（高×厚）+（底×厚），（50×5）+（30×5）额定电流 1000A。

3）中性接地母线

贯通水平中性接地线（PEN）或接地+中性线（PE+N）保护线规格如表 4-3 所示。

保护线截面积　　　　　　　　　表 4-3

相导线截面积（mm²）	选用 PE（N）线截面积（mm²）
500～720	40×5
1200	60×6
>1200	60×10

注：装置内垂直 PEN 线或 PE+N 线的规格全部选用 40×5。

(5) 电器元件选择

1）主断路器

630A 及以上的电源进线及馈线断路器，主选 AH 系列，也可以用 MA40、DW48 系列、AE 系列、3WE 或 ME 系列。也可以选用进口的 M 系列或 F 系列。

630A 以下馈线和电动机控制用断路器，主要选用 TG 系列，塑壳断路器也可以选用 NZM 系列、TM30 系列、NX 系列和 S 系列。

2）交流接触器

主选 B 系列、LC1 系列、3TB 系列接触器以及与之配套的热继电器及联锁机构。

3）电流互感器

全部采用 SDH 系列，SDL1 系列或 BH 系列。

4）熔断器

选用高分断能力的 Q 系列刀熔和 NT00 系列。

5）为提高主电路的动稳定能力，设计了 GCS 系列专用的 CMJ 型组合式母线夹和绝缘支撑件，采用高强度、阻燃型的合成材料热塑成型、绝缘强度高，自熄性能好，结构独特，只需调整积木式间块即可适用不同规格的母线。

6）为降低功能单元的间隔板、接插件、电缆头的温升，设计了 GCS 柜专用的转接件。

7）如设计部门根据用户的需要，选用性能更优良、技术更先进的新型电器元件时，因 GCS 系列柜具有良好的通用性，不会因更新电器元件，造成制作和安装方面的困难。

5. 结构特点

（1）装置的主构架采用 8MF 型钢，构架采用接装和部分焊接两种形式。主构架上均有安装模数孔 $E = 20$mm。

（2）装置各功能室严格分开，其隔室主要分为功能单元室、母线室、电缆室，各单元的功能作用相对独立。

（3）装置设有采用将水平主母线置于柜顶的传统设计，使电缆室上下均有出线通道。

（4）装置柜体的尺寸系列如表 4-4 所示。

GCS 低压开关柜外形尺寸　　表 4-4

高（mm）	宽（mm）	深（mm）
2200	400	800
		1000
	600	800
		1000
	800	600
		800
		1000
	1000	600
		800
		1000

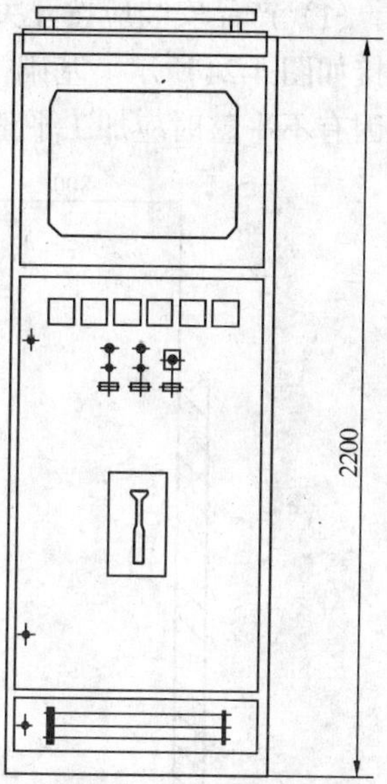

图 4-22　GCS 低压开关柜

（5）功能单元

1）一个抽屉为一个独立功能单元。

2）抽屉分为二分之一单元、一单元、二单元、三单元四个尺寸系列。四路的额定电流在 400A 及以下。一个单元抽屉的尺寸为 160mm × 560mm × 407mm（高 × 宽 × 深），二分之一单元抽屉的宽为 280mm，二单元、三单元仅以高度做二倍、三倍的变化，其余尺寸均同一单元。

3）相同参数功能单元的抽屉可以方便地实现互换。

4）装置的每柜内可以配置 11 个一单元的抽屉或 22 个二分之一单元的抽屉。

5）抽屉进出线根据回路电流大小采用不同片数的同一规范片式接插件，一般一片接插件 ≤ 200A。

6）二分之一抽屉与电缆室的转接，采用背板式结构的转接件。

7）抽屉面板有合、断、试验、抽出等位置的明显标志。抽屉没有机械联锁装置。

（6）馈线柜或电动机控制柜设有专用的电缆隔室，功能单元室与电缆隔室内电缆的连接通过转接件或转接铜排实现。

电缆隔室有二个宽度尺寸（240mm 和 440mm），视电缆的数量、截面和用户对安装维修方便的要求而定。

（7）装置的功能单元辅助接点对数一单元及以上的为 32 对，1/2 单元的为 20 对，能满足自动化用户和与计算机接口的需要。

(8) 考虑到干式变压器使用的普通性、安全性和油浸变压器的经济性,装置可以方便地与干式变压器组成一个组列,也可以与油浸变压器低压母线方便连接。

(9) 以抽屉为主体,同时具有抽出式和固定式,可以混合组合,任意选用。

(10) 装置按三相五线制和三相四线制设计,设计部门和用户可以方便地选用 PE + N 或 PEN 方式。

(11) 柜体防护等级为 IP3X、IP4X。

6. 安装和使用

(1) 产品安装应按开关柜布置图进行如图 4-23 所示,基础槽钢和采用螺栓固定方式连接如图 4-24 所示。基础槽钢加工尺寸见表 4-5。主母线连接时,如表面因运输、保管等原因有不平整时应加工平整后再连接坚固。

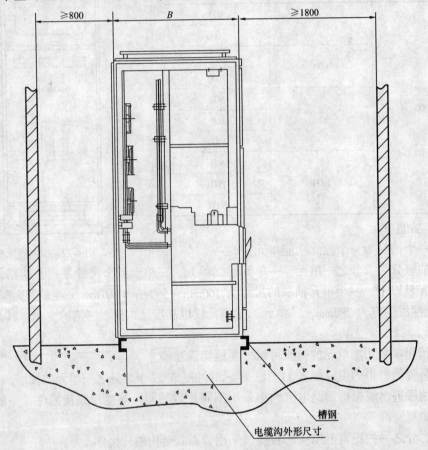

图 4-23 GCS 低压开关柜安装图

(2) GCS 系列柜单独或成列安装时,其垂直度以及柜面不平度和柜间接缝的偏差应符合表 4-6 规定:

(3) 产品安装后投运前的检查与试验。

1) 检查柜面漆或其他覆盖材料有无损坏,柜内是否干燥清洁。

2) 电器元件的操作机构是否灵活,不应有卡涩或操作力过大现象。

基础槽钢加工尺寸（mm） 表 4-5

通用柜代号	A	B	C	D
GCS-TG1010-4	1000	1000	850	956
GCS-TG1810-4	800	1000	650	956
GCS-TG0808-4	800	800	650	756
GCS-TG0608-4	600	800	450	756

偏 差 允 许 表 4-6

项次	项 目	允差（mm）
1	垂直度（柜高 2200mm 时）	3.3
2	水平度，相邻两柜顶部之间	2
	成列柜顶部与基准面	5
3	水平度相邻两柜边	1
	成列柜面	5
4	柜间接缝	2

3）主要电器的主辅触头的通断是否可靠、准确。

4）抽屉或抽出式机构抽拉应灵活、轻便、无卡阻和碰撞现象。

5）抽屉或抽出式结构的动、静触头的中心线应一致，触头接触应紧密。主、辅触头的插入深度应符合要求，机械联锁或电气联锁装置应动作正确，闭锁或解除均应可靠。

6）相同尺寸的抽屉，应能方便地互换，无卡阻和碰撞现象。

7）抽屉与柜体间的接地触头紧密，当抽屉推入时，抽屉的接地触头应比主触头先接触，拉出时程序相反。

8）仪表的刻度整定，互感器的变比及极性应正确无误。

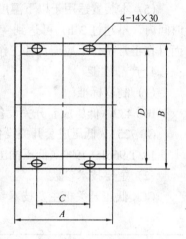

图 4-24 槽钢加工图

9）熔断器的熔芯规格应符合工程设计的要求。

10）继电保护的定值及整定正确、动作可靠。

11）用 1000V 兆欧表测量绝缘电阻值不得低于 1MΩ。

12）各母线的连接应良好，绝缘支撑件、安装件及其他附件安装应牢固可靠。

二、GCK 型低压开关柜

1. 产品用途

GCK 型低压抽出式开关柜由动力中心（PC）、电动机控制中心柜（MCC）、功率补偿柜组成。适用于交流 50～60Hz，额定工作电压 660V 及以下的配电系统，广泛用于电站、船用、工矿企业等电力用户，作为动力配电、电动机控制、电容补偿及照明等配电设备的电能转换分配控制。

2．产品特点

(1) 柜体结构机械强度，动热稳定性好
(2) 结构设计紧凑，在较小的空间内可容纳较多的功能单元，节省占地面积。
(3) 结构先进，采用模数化设计方案，通用性强，互换性好。
(4) 功能单元封闭安全，无裸露带电体，安全性能高。
(5) 抽屉的机械锁定机构设计独特新颖，方便可靠具有完善的防误功能。
(6) 设备运行连续性和可靠性高。
(7) 主选 ABB 元件，也可选用施耐德、金钟默勒国外元件及国内元件。

3．使用条件

(1) 海拔高度不超过 2000m。
(2) 周围空气温度不高于 +40℃，并且 24h 内其平均温度不高于 +35℃。
(3) 大气条件、空气清洁、相对湿度在最高温度 +40℃时不超过 50%，在较低温度时允许有较高的相对湿度，例如：+20℃时为 90%。
(4) 没有火灾爆炸危险，严重污秽、化学腐蚀及剧烈震动场所。
(5) 本装置适用于以下温度铁路运输和储存过程：-25℃至 +55℃的范围之内，在短时间内（不超过 24h）可达到 +70℃，在这些极限下装置不应遭到任何不可恢复的损伤，而且在正常条件下应能正常工作。

4．产品性能

(1) 制造标准

IEC 439《低压成套开关设备和控制设备》；
GB 7251《低压成套开关设备和控制设备》；
JB/T 9661—1999《低压抽出式成套开关设备》。

(2) 主要技术参数

GCK 低压开关柜主要技术参数见表 4-7 所示。

主要技术参数　　　　　　　　　　表 4-7

额定工作频率 (Hz)		50、60
额定工作电压 (V)		400
辅助回路额定电压 (V)		交流 380、220、直流 220
额定绝缘电压 (V)		1000
最大工作电流 (A)	水平母线	4000
	垂直母线	1000、2000
额定短时耐受电流 (kA/1s)		50、80
额定冲击耐受电流 (峰值 kA)		105、176
外壳防护等级		IP4X

5．结构特征

(1) 柜体特征

1）开关柜基本框架为组合装配式结构，基本零件均带有 20mm 间隔的模数孔。所有的框架零件均为免维修型。

2）功能单元间用接地金属板隔离，正常运行时无带电体裸露。

3）装置单元有效安装高度 $200 \times 9 = 1800$mm，MCC 柜宽 600mm 或 800mm，PC 柜宽度 800mm 或 1000mm。如图 4-25 所示。

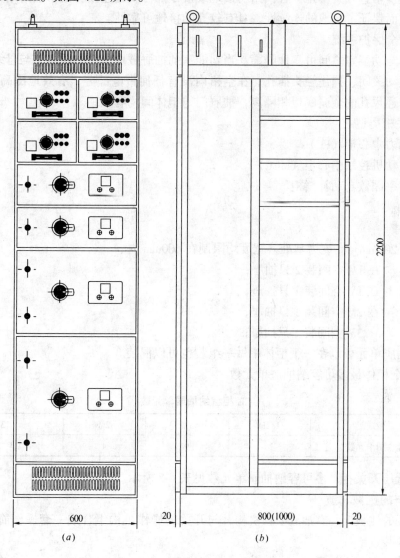

图 4-25 抽屉柜示意图

4）开关柜原则上下进线为主，如用户需要也可以上进线。

5）内部采用镀锌处理，柜体表面酸洗磷化处理后采用静电粉末喷塑。

(2) 柜体的分区设计

每一柜固定分割成三个安全隔离的功能室。即装置小室、电缆小室、母线小室。

(3) 母线

1）母线系统

母线系统为三相五线制，母线采用 TMY 硬铜排，母线全部镀锡，主母线采用直接联结方式搭接。

2）保护线（PE）和中性线（N）

柜内设有独立的 PE 接地系统和 N 中性导体，二者贯穿整个装置在柜前底部及上部，并在柜侧敷设垂直分支母排。各回路的接地或接零都可就近连接。由于柜内结构件均为镀锌处理，从而保证了接地的连续性，具有较高的接地可靠性。

（4）安全保护系统

母线室与功能室之间可靠地隔离。当功能室的抽屉被抽出后，功能室与母线室之间的防护系统自动关闭，挡住触头插孔，在空格内没有任何带电部分，有效地提高了防护性。抽屉间有带通风孔的金属底板相隔离，抽屉门与柜体间均有联锁。

6. 开关柜类型

（1）动力中心柜（PC）

（2）电动机控制中心柜（MCC）

（3）功率因数自动补偿柜

7. 抽屉类型

1）尺寸

以 M（200mm）高度为基准，宽度均限制在 600mm 内。

1/2M   在 1M 空间装 2 只抽屉；
1M   在 1M 空间装 1 只抽屉；
2M   在 2M 空间装 1 只抽屉；
3M   在 3M 空间装 1 只抽屉；

四种抽屉单元可以在一个柜体中做一组装也可以混装。

2）一个柜体最多可容纳抽屉单元数

GCK 柜容纳抽屉单元数　　　　　　　　　表 4-8

抽屉型式	1/2M	1M	2M	3M
最多可容纳单元数	18	9	4	3

GCK 低压开关柜最多可容纳抽屉单元数见表 4-8 所示。

8. 抽屉的机械联锁

在抽屉的侧板上装有抽屉联锁机构，与开关的操作机构组合成一套操作简单、方便、可靠的联锁装置。

抽屉共设有四个位置：

1）工作位置：一、二次触头全部接通。

2）试验位置：一次触头断开，二次触头接通。

3）断开位置：一、二次触头全部断开。

4）隔离位置：抽屉与框架隔离。

为加强安全防范，操作手柄上可在主开关分闸、试验位置挂锁。

9. 安装、使用、维修

（1）开关柜的安装参考见图 4-26 所示。

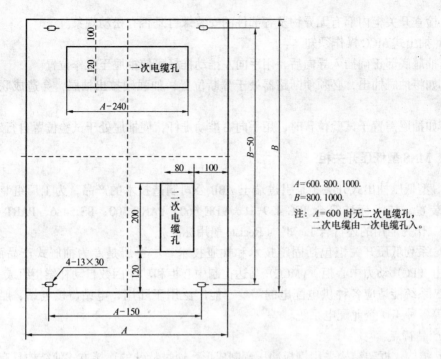

图 4-26 地脚安装示意图

(2) 当开关柜运抵目的地后,首先应检查包装箱是否完整,若开关柜不立即安装应存放在干燥清洁的室内。

(3) 开关柜在运输过程中避免磕碰。

(4) 开关柜推荐为离墙安装式,安装基础平面要求平整。

(5) 开关柜就位后,首先应检查每台开关柜与地面是否垂直,安装好排列后,再与基础槽钢进行连接。

(6) 所有导电部分的螺钉推荐使用 8.8 级压力垫圈,旋紧力矩推荐值见表 4-9 所示。

旋 紧 力 矩　　　　　　　　　　　　　　表 4-9

螺栓规格	旋紧力矩 (N·m)	螺栓规格	旋紧力矩 (N·m)
M6	9.5	M12	80
M8	25	M16	200
M10	45		

(7) 接好电缆后,开关柜底部应封闭,以防止小动物爬入柜内,造成短路事故。

(8) 开关柜在投入使用前,需进行下列各项检查和试验。

1) 检查开关柜内安装的电器设备和控制接线是否符合工厂的图纸要求。

2) 用手动操作各种开关,操动应灵活,无异常和卡滞现象。

3) 检查结构联锁、电器联锁装置的动作是否符合系统要求。

4) 检查主电路和控制回路的绝缘电阻是否符合规定要求。

5) 检查开关柜内所安装的电器设备接触是否良好,是否符合该电器本身的技术条件。

6）检查开关柜内部有无异物及各部件的安装螺钉是否有松动现象。

(9) 抽出式 MCC 操作须知

1）抽屉底部正确插入导向后，用手向左推动推杆可使抽屉至工作位置。

2）如将抽屉抽出，必须使断路器处于分断位置，如强硬拉出抽屉，会造成联锁机构损坏。

3）如抽屉需置于试验位置时，用手向右推动推杆，使抽屉处于试验位置自行定位。

三、MNS 型低压开关柜

MNS 型低压抽出式开关柜是引进瑞士 ABB 公司制造技术的产品，为工厂组装式低压开关柜装置，技术标准符合 IEC 439—1、VDE 660、PART 500、BS 5486、PART 1、UTC 63—410。作为船用的还符合 Lioyd's Registe 船用标准。

MNS 系列低压开关柜包括固定技术和抽屉技术。本手册是专为抽屉式产品而编制。它主要由（PC）动力中心柜、（MCC）马达控制中心柜和功率因数自动补偿柜组成。

MNS 系统能适应各种供电配电的需要，能广泛用于陆用、电站、核电站、船用、石油平台等各种工矿企业配电系统。

1. 产品特点

（1）结构：框架结构采用钢板冲压弯制成形，通过特殊的连接方式使结构具有较高的强度和较好的接地连续性。

（2）通用性：实行模数化设计，以 $E=25mm$ 为模数的 C 型型材能满足各种形式的组合，可分别组成保护、操作、控制、配电、测量等标准单元。

（3）技术性能：主要参数达到当代国际技术水平。

（4）互换性：功能单元可以整体装卸，并且相同规格的功能单元具有互换性。

（5）安全性：大量采用高强度阻燃型工程塑料组件，有效加强防护安全性能。

（6）灵活性：可与 MLS 产品连屏或 PC 柜与 MCC 柜混合装在同一柜内，MCC 柜可组合成单面操作柜和双面操作柜。

（7）可靠性：具有理想的热循环散热效果，使供配电质量得到保证。

2. 使用条件

（1）周围空气温度不高于 +40℃，不低于 -5℃，并且 24 小时内平均温度不高于 +35℃。

（2）空气清洁，相对湿度在最高温度为 +40℃时不超过 50%，在较低温度时允许有较高的相对湿度，例如 +20℃时为 90%。但应考虑到温度变化，有可能会偶然地产生凝露。

（3）海拔高度不超过 2000m。

（4）本装置适用于以下温度的运输和贮存：-30℃至 +55℃的范围之间，在短时间内（不超过 24 小时）可达 +70℃，在这些极限温度下装置不应遭到任何不可恢复的损伤，而且在正常的条件下应能正常工作。

（5）如果上述使用条件不能满足时，应由用户和本公司协商解决。

3. 技术参数

装置的主要技术参数如表 4-10 所以。

主 要 技 术 参 数　　　　　　　　　　　　　　表 4-10

额定工作电压（V）		380，660
额定绝缘电压（V）		660
额定工作电流（A）	水平母线	30~5000（双面柜为 2000A）
	垂直母线	1000（MCC 柜）
额定短时耐受电流（kA）		50~80
额定冲击耐受电流（峰值 kA）		105~176
外壳防护等级		IP40
外形尺寸　高×宽×深（mm）		2200×600（800，1000）×600（1000）

4. 柜体区域划分

开关柜柜体基本结构是由 C 型型材装置组成。C 型型材是以 $E=25\text{mm}$ 为模数孔的钢板弯制而成。柜体基本结构见图 4-27、图 4-28 所示，柜体基本尺寸见表 4-11、表 4-12 所示，柜内有效安装高度为（1800mm）。

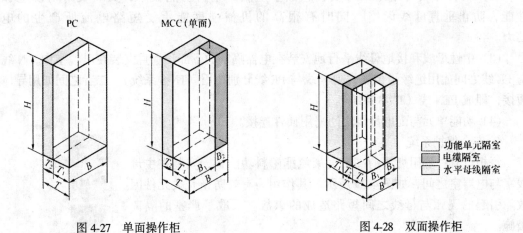

图 4-27　单面操作柜　　　　　　　　图 4-28　双面操作柜

动力中心（PC）柜尺寸（mm）　　　　　　　　表 4-11

高	宽	深		
H(mm)	B(mm)	T(mm)	T_1(mm)	T_2(mm)
2200	400	1000	800	200
2200	400	1000	800	200
2200	600	1000	800	200
2200	800	1000	800	200
2200	1000	1000	800	200
2200	1200	1000	800	200

电动机控制中心（MCC）柜尺寸（mm）　　　　　　　　表 4-12

高	宽			深			备 注
H	B	B_1	B_2	T	T_1	T_2	
2200	1000	600	400	600	400	200	单面操作
2200	1000	600	400	1000	400	600	单面操作
2200	1000	600	400	1000	400	600	双面操作

注：推荐深度尺寸为 1000mm，便于 PC 柜联屏时不需要主母线转接柜。

(1) 动力配电中心（以下简称 PC）

PC 柜内划分成四个隔室

水平母线室：在柜的后部；

电器隔室：在柜前中部或柜前左边；

电缆隔室：在柜前下部或柜前右边；

控制回路隔室：在柜前上部。

(2) 马达控制中心（MCC）和小电流动力配电中心根据需要可组成单面操作柜或双面操作柜，每一柜体以分隔成三个小室，即主母线定、电器室和电缆室。

5. 母线系统

(1) 装置可配置二组主母线，安装在开关柜的后部主母线室。二组母线可分别安装在柜后上部及下部。二者即可单独供电，也可并联供电。

每相母线由 2 根或 4 根或 8 根母线并联，母线截面为 mm×mm×根数：$10×30×2$、$10×60×4$、$10×80×2$、$10×80×(2×2)$ 和 $10×60×(4×2)$ 六种。

(2) 垂直母线为矩型铜母线，它嵌于阻燃的塑料功能板中，具有良好的防电弧性能，防止垂直母线闪络，同时有很高的机械强度能承受短路电流所产生的电动力。

(3) 中性母线和接地母线平行地安装在电器隔室的下部和垂直安装在电缆室中，N 线与 PE 线之间如用绝缘子相隔，则 N 线与 PE 线分别使用（TN-S 系统），二者之间如用导体短接，即成 PEN 线（TN-S 系统）。

(4) 功能单元与配电母线之间采用插件连接。

6. 安全保护系统

每柜设有一块阻燃型的高密度聚氨酯塑料功能板，安装在主母线室与电器室之间，如图 4-29 所示。其作用为有效防止开关元件因故障引起的飞弧与母线之间短路造成的事故。采取了严密的隔离措施。

上下层抽屉之间有带通风孔的镀锌金属底板相隔离，较小的 8E/4、8E/2 抽屉其四周均为阻燃型工程塑料件，故相邻回路之间有较强的绝缘隔离作用。

柜内采用了多种塑料组件以支撑带电部分，这些组件要求是无卤素的，并具有 CT1300 等级的防漏电性能。

图 4-29 MNS-2000 柜内工程塑料防护隔板

7. 抽屉类型

有五种标准尺寸，都是以 8E（200mm）高度为基准。

(1) 8E/4：在 8E 高度空间组装 4 个抽屉单元。

(2) 8E/2：在 8E 高度空间组装 2 个抽屉单元。

(3) 8E：在 8E 高度空间组装 1 个抽屉单元。

(4) 16E：在 16E（400mm）高度空间组装 1 个抽屉单元。

(5) 24E：在 24E（600mm）高度空间组装 1 个抽屉单元。

五种抽屉单元可在一个柜体中作单一组装，也可以作混合组装，一个柜体中作单一组装最多容纳抽屉单元数见表 4-13 所示。

表 4-13 MNS 低压开关柜容纳抽屉单元数

抽屉	8E/4	8E/2	8E	16E	24E
最多容纳单元数	36	18	9	4	3

8．开关柜的组合方式

（1）受电柜（PC 柜）

（2）联络柜（PC 柜）

（3）电动机控制柜（MCC 柜）

（4）主母线转接柜

（5）侧板

9．安装、使用、维修

（1）装置的外形尺寸见图 4-30、图 4-31 所示。

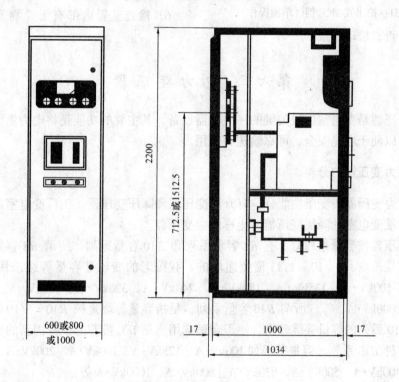

图 4-30　PC 柜（M08~32）

（2）当装置运抵目的地后，首先应检查包装箱是否完整，若装置不立即安装，应存放在户内干燥清洁之处。

（3）装置推荐使用离墙安装式，当装置需要离墙安装时应留有不小于 300mm 的安装通道；安装基础平面要求平整，基础槽钢的水平误差为 1/1000，总长偏差为 3mm。

（4）所有通电部分的螺栓固定方式推荐使用 8.8 级和张紧垫圈。

（5）接好电缆后，装置底部应封闭，以防止老鼠等小动物爬入柜内造成短路事故。

119

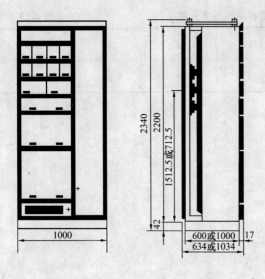

图 4-31 抽出式 MCC 柜（单面操作）

（6）装置在安装和调整后在投入运营前须进行下列各项检查和实验：

1）检查装置内安装的电器设备和控制接线是否符合工厂的图纸要求。

2）用手动操作各种开关，应操作灵活，无异常和卡滞现象。

3）检查机械连锁机构，电气连锁装置的动作是否正确可靠，应符合系统要求。

4）检查主电路和控制回路的绝缘电阻是否符合规定要求。

5）检查装置内所安装的电器设备接触是否良好，是否符合该电器本身的技术条件。

6）检查装置内部有无异物及各部件的安装螺钉是否有松动现象。

第六节 电力变压器

电力变压器是变电室中最关键的一次电器设备，其主要的功能是将电力系统的电压升高或降低，以便于电能安全、可靠输送和使用。

一、电力变压器的分类

（1）电力变压器按变压功能分，有升压变压器和降压变压器。工厂变电室都采用降压变压器。终端变电室的降压变压器，也称配电变压器。

电力变压器按容量系列分，有 $R8$ 容量系列和 $R10$ 容量系列。所谓 $R8$ 容量系列，是指容量等级是按 $R8 = \sqrt[8]{10} \approx 1.33$ 倍数递增的。我国老的变压器容量等级采用 $R8$ 系列，容量等级如 100kV·A、135kV·A、180kV·A、240kV·A、320kV·A、420kV·A、560kV·A、750kV·A、1000kV·A、等。所谓 $R10$ 容量系列，是指容量等级是按 $R10 = \sqrt[10]{10} \approx 1.26$ 倍数递增的。$R10$ 系列的容量等级较密，便于合理选用，是 IEC 推荐的，我国新的变压器容量等级采用这种 $R10$ 系列，容量等级如 100kV·A、125kV·A、160kV·A、200kV·A、250kV·A、315kV·A、400kV·A、500kV·A、630kV·A、800kV·A、1000kV·A 等。

（2）电力变压器按相数分，有单相和三相两大类。工厂变电室通常都采用三相电力变压器。

（3）电力变压器按调压方式分，有无载调压（又称无激磁调压）和有载调压两大类。工厂变电室大多采用无载调压变压器。但在用电负荷对电压水平要求较高的场合亦有采用有载调压变压器的。

（4）电力变压器按绕组导体材质分，有铜绕组变压器和铝绕组变压器两大类。工厂变电室过去大多采用铝绕组变压器，但低损耗的铜绕组变压器现在得到了越来越广泛的应用。

(5) 电力变压器按绕组型式分,有双绕组变压器、三绕组变压器和自耦变压器。工厂变电室一般采用双绕组变压器。

(6) 电力变压器按绕组绝缘及冷却方式分,有油浸式、干式和充气式（SF_6）等变压器。其中油浸式变压器,又有油浸自冷式、油浸风冷式、油浸水冷式和强迫油循环冷却式等。工厂变电室大多采用油浸自冷式变压器。

(7) 电力变压器按用途分,有普通电力变压器、全封闭变压器和防雷变压器等。工厂变电室大多采用普通电力变压器。

二、电力变压器的结构和型号

电力变压器的基本结构,包括铁心和绕组两大部分。绕组又分高压和低压或一次和二次绕组等。

图4-32是普通三相油浸式电力变压器的结构图。

图4-33是环氧树脂浇筑绝缘的三相干式电力变压器的结构图。

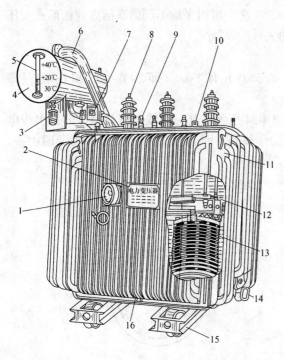

图4-32 三相油浸式电力变压器
1—信号温度计；2—铭牌；3—吸湿器；4—油枕（储油柜）；5—油位指示器（油标）；6—防爆管；7—瓦斯继电器（气体继电器）；8—高压套管和接线端子；9—低压套管和接线端子；10—分接开关；11—油箱及散热油管；12—铁心；13—绕组及绝缘；14—放油阀；15—小车；16—接地端子

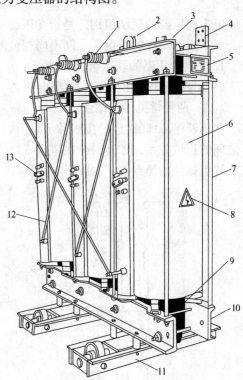

图4-33 环氧树脂浇筑绝缘的三相干式变压器
1—高压出线套管；2—吊环；3—上夹件；4—低压出线接线端子；5—铭牌；6—环氧树脂浇筑绝缘绕组（内低压、外高压）；7—上下夹件拉杆；8—警示标牌；9—铁心；10—下夹件；11—小车（底座）；12—高压绕组相间连接导杆；13—高压分接头连接片

电力变压器全型号的表示和含义如下：

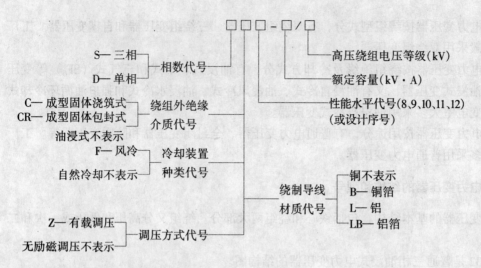

三、电力变压器的联结组别及其选择

电力变压器的联结组别，是指变压器一、二次绕组因采取不同的联结方式而形成变压器一、二次侧对应的线电压之间不同相位的关系。

1. 配电变压器的联结组别

6～10kV 配电变压器（二次侧电压为 220/380V）有 Yyn0（即 Y/Y_0-12）和 Dyn11（即 △/Y_0-11）两种常见的联结组。

变压器 Yyn0 联结组的接线和示意图如图 4-34 所示。其一次线电压与对应的二次线电压之间的相位关系，如同时钟在零点（12 点）时的分针与时针的相互关系一样。图中一、二次绕组标注的黑点"·"的端子为对应的"同名端"。

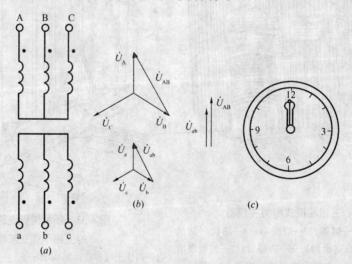

图 4-34 变压器 Yyn0 联结组

(a) 一、二次绕组接线；(b) 一、二次电压相量；(c) 时钟示意

变压器 Dyn11 联结组的接线和示意图如图 4-35 所示。其一次线电压与对应的二次线电压之间的相位关系，如同时钟在 11 点时的分针与时针的相互关系一样。

我国过去的配电变压器差不多全采用 Yyn0 联结，近十年来 Dyn11 联结的配电变压器开始得到了推广应用。配电变压器采用 Dyn11 联结较之采用 Yyn0 联结有下列优点：

（1）对 Dyn11 联结变压器来说，其 $3n$ 次（n 为正整数）谐波电流在其三角形接线的一次绕组内形成环流，从而不致注入公共的高压电网中去，这较之一次绕组接成星形接线的 Yyn0 联结变压器更有利于抑制高次谐波电流。

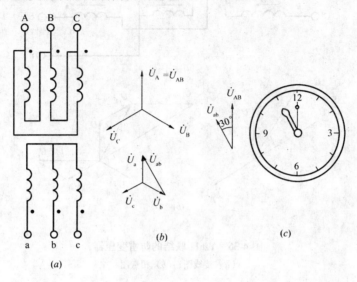

图 4-35　变压器 Dyn11 联结组
（a）一、二次绕组接线；（b）一、二次电压相量；（c）时钟示意

（2）Dyn11 联结变压器的零序阻抗较之 Yyn0 联结变压器的零序阻抗小得多，从而更有利于低压单相接地短路故障的保护和切除。

（3）当接用单相不平衡负荷时，由于 Yyn0 联结变压器要求中性线电流不超过二次绕组额定电流的 25%，因而严重限制了接用单相负荷的容量，影响了变压器设备能力的充分发挥。为此，《供配电系统设计规范》（GB 50052—1995）规定，低压为 TN 及 TT 系统时，宜于选用 Dyn11 联结变压器。Dyn11 联结变压器的中性线电流允许达到相电流的 75%以上，其承受单相不平衡负荷的能力远比 Yyn0 联结变压器大。这在现代供配电系统中单相负荷急剧增长的情况下，推广应用 Dyn11 联结变压器就显得更有必要。

但是，由于 Yyn0 联结变压器一次绕组的绝缘强度要求比 Dyn11 联结变压器稍低，从而制造成本稍低于 Dyn11 联结变压器，且目前生产 Dyn11 联结变压器的厂家相对较少，因此在 TN 和 TT 系统中由单相不平衡负荷引起的中性线电流不超过低压绕组额定电流的 25%，且其一相的电流在满载时不致超过额定值时，可选用 Yyn0 联结变压器。

2. 防雷变压器的联结组别

防雷变压器通常采用 Yzn11 联结组，如图 4-36（a）所示，其正常工作时的电压相量图如图 4-36（b）所示。其结构特点是每一铁心柱上的二次绕组都分为两半个匝数相等的绕组，而且采用曲折形（Z 形）联结。

正常工作时，一次线电压 $\dot{U}_{AB} = \dot{U}_A - \dot{U}_B$，二次线电压 $\dot{U}_{ab} = \dot{U}_a - \dot{U}_b$，其中 $\dot{U}_a = \dot{U}_{a1}$

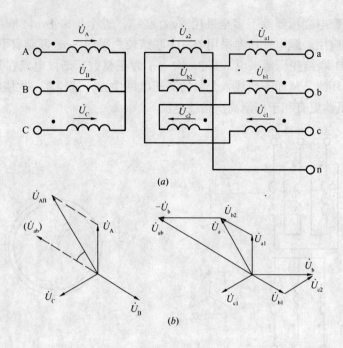

图 4-36 Yzn11 联结的防雷变压器
(a) 接线图；(b) 相量图

$-\dot{U}_{b2}$，$\dot{U}_b = \dot{U}_{b1} - \dot{U}_{c2}$。由图 4-36 (b) 知，$\dot{U}_{ab}$ 与 $-\dot{U}_B$ 同相，而 $-\dot{U}_B$ 滞后 $\dot{U}_{AB}$ 330°，即 $\dot{U}_{ab}$ 滞后 $\dot{U}_{AB}$ 330°。在钟表中 1 个小时为 30°，因此该变压器的联结组号为 330°/30° = 11，即联结组为 Yzn11。

当雷电过电压沿变压器二次侧（低压侧）线路侵入时，由于变压器二次侧同一芯柱上的两半个绕组的电流方向正好相反，其磁动势相互抵消，因此过电压不会感应到一次侧（高压侧）线路上去。同样地，假如雷电过电压沿变压器一次侧（高压侧）线路侵入时，由于变压器二次侧（低压侧）同一芯柱上的两半个绕组的感应电动势相互抵消，二次侧也不会出现过电压。由此可见，采用 Yzn11 联结变压器有利于防雷。在多雷地区宜选用这类防雷变压器。

四、变电室主变压器台数与容量的选择

1. 变电室主变压器台数的选择

选择主变压器台数时应考虑下列原则：

（1）应满足用电负荷对供电可靠性的要求。对供有大量一、二级负荷的变电室，应采用两台变压器，以便当一台变压器发生故障或检修时，另一台变压器能对一、二级负荷继续供电。对只有二级而无一级负荷的变电室，也可以只采用一台变压器，但必须在低压侧敷设与其他变电所相联的联络线作为备用电源，或另有自备电源。

（2）对季节性负荷或昼夜负荷变动较大而宜于采用经济运行方式的变电室，也可考虑采用两台变压器。

（3）除上述两种情况外，一般车间变电室宜采用一台变压器。但是负荷集中且容量相当大的变电所,虽为三级负荷,也可以采用两台或多台变压器。

(4) 在确定变电所主变压器台数时,应适当考虑负荷的发展,留有一定的余地。

2. 变电室主变压器容量的选择

(1) 只装一台主变压器的变电室

主变压器容量 $S_{N.T}$ 应满足全部用电设备总计算负荷 S_{30} 的需要,即

$$S_{N.T} \geqslant S_{30} \tag{4-3}$$

(2) 装有两台主变压器的变电室

每台变压器的容量 $S_{N.T}$ 应同时满足以下两个条件:

1) 任一台变压器单独运行时,宜满足总计算负荷 S_{30} 的大约 60%～70% 的需要,即

$$S_{N.T} = (0.6 \sim 0.7) S_{30} \tag{4-4}$$

2) 任一台变压器单独运行时,应满足全部一、二级负荷的需要,即

$$S_{N.T} \geqslant S_{30(Ⅰ+Ⅱ)} \tag{4-5}$$

(3) 车间变电室主变压器的单台容量上限

车间变电室主变压器的单台容量,一般不宜大于 1000kV·A (或 1250kV·A)。这一方面是受以往低压开关电器断流能力和短路稳定度要求的限制;另一方面也是考虑到可以使变压器更接近于车间负荷中心,以减少低压配电线路的电能损耗、电压损耗和有色金属消耗量。现在我国已能生产一些断流能力更大和短路稳定度更好的新型低压开关电器如 DW15、ME 等型低压断路器及其他电器,因此如车间负荷容量较大、负荷集中且运行合理时,也可以选用单台容量为 1250(或 1600)～2000kV·A 的配电变压器,这样可减少主变压器台数及高压开关电器和电缆等。

对装设在二层以上的电力变压器,应考虑其垂直与水平运输对通道及楼板荷载的影响。如果采用干式变压器时,其容量不宜大于 630kV·A。

对居住小区变电室内的油浸式变压器单台容量,不宜大于 630kV·A。这是因为油浸式变压器容量大于 630kV·A 时,按规定应装设瓦斯保护,而这些变压器电源侧的断路器往往不在变压器附近,因此瓦斯保护很难实施,而且如果变压器容量增大,供电半径相应增大,往往造成供配电线路末端的电压偏低,给居民生活带来不便,例如荧光灯启燃困难、电冰箱不能起动等。

(4) 适当考虑负荷的发展

应适当考虑今后 5～10 年电力负荷的增长,留有一定的余地。干式变压器的过负荷能力较小,更宜留有较大的裕量。

这里必须指出:电力变压器的额定容量 $S_{N.T}$ 是在一定温度条件下(例如户外安装,年平均气温为 20℃)的持续最大输出容量(出力)。如果安装地点的年平均气温 $\theta_{0,av} \neq 20℃$ 时,则年平均气温每升高 1℃,变压器容量相应地减小 1%。因此户外电力变压器的实际容量(出力)为:

$$S_T = \left(1 - \frac{\theta_{av} - 20}{100}\right) S_{N.T} \tag{4-6}$$

对于户内变压器,由于散热条件较差,一般变压器室的出风口与进风口间有约 15℃ 的温差,从而使处在室中间的变压器环境温度比户外变压器环境温度要高出大约 8℃,因此户内变压器的实际容量(出力)较之上式所计算的容量(出力)还要减小 8%。

还要指出：由于变压器的负荷是变动的，大多数时间是欠负荷运行，因此必要时可以适当过负荷，并不会影响其使用寿命。油浸式变压器，户外可正常过负荷30%，户内可正常过负荷20%。但干式变压器一般不考虑过负荷。

最后必须指出：变电室主变压器台数和容量的最后确定，应结合主接线方案，经技术经济比较择优而定。

【例】 某10/0.4kV变电室，总计算负荷为1200kV·A，其中一、二级负荷680kV·A。试初步选择该变电室主变压器的台数和容量。

【解】 根据变电室有一、二级负荷的情况，确定选两台主变压器。每台容量 $S_{N.T}$ = $(0.6 \sim 0.7) \times 1200 kV·A = (720 \sim 840) kV·A$，且 $S_{N.T} \geq 680 kV·A$，因此初步确定每台主变压器容量为800kV·A。

(5) 电力变压器并列运行条件

两台或多台变压器并列运行时，必须满足三个基本条件：

1) 并列变压器的额定一、二次电压必须对应相等 亦即并列变压器的电压比必须相同，允许差值不超过±5%。如果并列变压器的电压比不同，则并列变压器二次绕组的回路内将出现环流，即二次电压较高的绕组将向二次电压较低的绕组供给电流，导致绕组过热甚至烧毁。

2) 并列变压器的阻抗电压（即短路电压）必须相等 由于并列运行变压器的负荷是按其阻抗电压值成反比分配的，如果阻抗电压相差很大，可能导致阻抗电压小的变压器发生过负荷现象，所以要求并列变压器的阻抗电压必须相等，允许差值不得超过±10%。

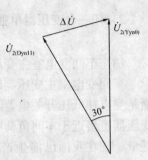

图4-37 Yn0联结变压器与Dyn11联结变压器并列运行时二次侧电压相量图

3) 并列变压器的联结组别必须相同 这也就是所有并列变压器一、二次电压的相序和相位都必须对应地相同，否则不能并列运行。假设两台变压器并列运行，一台为Yyn0联结，另一台为Dyn11联结，则它们的二次电压将出现30°相位差，从而在两台变压器的二次绕组间产生电位差ΔU，如图4-37所示。这一ΔU将在两变压器的二次侧产生一个很大的环流，可能使变压器绕组烧毁。

此外，并列运行的变压器容量应尽量相同或相近，其最大容量与最小容量之比，一般不能超过3:1。如果容量相差悬殊，不仅运行很不方便，而且在变压器特性稍有差异时，变压器间的环流将相当显著，特别是容量小的变压器容易过负荷或烧毁。

第五章 电工常用仪表

电是看不见的,但是可以用仪表测量出来,专门用作测量有关电的物理量和参数的仪表统称为电测仪表,而通常又将用于电气工程测量的仪表称为电工仪表。本章将重点介绍施工现场常用的电工仪表,主要有电流表、电压表、功率表、电度表、万用电表、兆欧表和接地兆欧表等。

第一节 电工仪表的分类与符号

电工仪表按其特征不同有许多分类方法,通常主要是按测量方式、工作原理等不同进行分类。

电工仪表按其测量方式不同可分为以下四种基本类型:

(1) 直读指示仪表。直读指示仪表是利用将被测量直接转换成指针偏转角的方式进行测量的一类电工仪表,具有使用方便、精确度高的优点。例如 500 型万用电表、钳形电流表、兆欧表等均属于直读指示仪表。

(2) 比较仪表。比较仪表是利用被测量与标准量的比值进行测量的一类电工仪表,常用的比较仪表有 QJ-23 电桥、QS-18A 万用电桥等。

(3) 图示仪表。图示仪表是通过显示两个相关量的变化关系进行测量的一类电工仪表。各种示波器,如 SC-16 光线示波器、XJ-16 通用示波器等都属于图示仪表。

(4) 数字仪表。数字仪表是通过将模拟量转换成数字量显示的一类电工仪表,具有使用方便、精确度高的优点。例如 PZ8 数字电压表、IM2215 数字万用表等属于数字仪表。

施工现场所用的电工仪表绝大多数是采用直接方式测量的直读式仪表。

电工仪表按其工作原理不同还可分为磁电式仪表、电磁式仪表、电动式仪表、感应式仪表、电子式仪表等。还可有其他分类方式和方法,这里不再赘述。

直读式电工仪表,依据所测电流的种类不同分为直流表、交流表和交直两用表。施工现场所用的电工仪表绝大部分为交流表。

直读式电工仪表根据其测量的准确度或精度不同可分为七级(用数字表示):0.1、0.2、1.0、1.5、2.5、4.0 和 5.0 级,这些代表准确度或精度等级的数字实际上表示仪表本身在正常工作条件下(位置正常,周围环境温度为 20℃,几乎没有外磁场的影响等)进行测量时可能发生的最大相对误差。所谓最大相对误差是指仪表进行测量时被测量的最大绝对误差与仪表额定值(满标值)的百分比,可以用数学公式 (5-1) 表示为:

$$A = \frac{\Delta_{xmax}}{X_{max}} \times 100\% \tag{5-1}$$

式中 Δ_{xmax}——仪表在满标(全量程)范围内的最大绝对误差;

X_{max}——仪表的满标(全量程)值;

A——仪表的最大相对误差或仪表的准确度（精度）等级。

例如，一只满标值为100A的安培表（电流表），接在实际电流为100A的电路中测量的电流值比用标准安培表测量的电流值差1A，则该表测量的绝对误差为1A，相对误差为

$$A = \frac{\Delta_{xmax}}{X_{max}} \times 100\% = \frac{1}{100} \times 100\% = 1\%$$

该安培表即为1级表。

在正常工作条件下，仪表的最大绝对误差是不变的，即准确度（精度）不变。所以在满标值范围内，被测量的值愈小，相对误差就愈大。因此，在选用仪表时，实际被测量值应尽量接近其满标值。但是，实际被测量值也不能太接近满标值，一方面这是因为仪表指针示数不易读出；另一方面被测量易因电路工作状态受干扰而波动并超出仪表的测量范围（满标值）。实际上，在选用仪表时，其满标值或量程应略大于被测量值。粗略估算时，可按被测量值为满标值（量程）的3/4考虑。

任何一只直读式仪表，在其表面上都标有若干图形符号和数字、文字符号，用以标示该表的性能、结构、原理和使用要求等。常见符号的意义见表5-1。

仪表表面符号的意义　　　　　　　　　　　　　　表 5-1

结构形势及图形符号	名　　称	结构形势及图形符号	名　　称
⌒	磁电式（永磁式）	≂	交直流
⚡	电磁式（动铁式）	∼50	交流50Hz
⋈	电动式	⚡2kV	仪表绝缘试验电压2000V
⊗	铁磁电动式	↑	仪表垂直安放时使用
⊕	感应式	∠60°	仪表倾斜60°
—	直流	→	仪表水平安放时使用
∼	交流		

第二节　现场常用仪表

一、交流电流表

1. 分类及常用型号

低压交流电流表按其接线方式，可分为直接接入和经电流互感器二次绕组接入等两种，直接接入式一般最大满偏电流为200A，经电流互感器二次接入的电流表，量程可达10kA。

常用的交流电流表主要有1T1型、42型方形仪表和59型、44型矩形仪表。

2. 结构原理

建筑施工现场常用的电磁式交流电流表的结构形式主要有：吸引型和排斥型。

（1）吸引型结构原理：吸引型结构主要有固定线圈、可动铁片、指针、阻尼片、游丝、永久磁铁、磁屏蔽体等组成，其主要特点就是固定线圈为扁型线圈结构。当固定线圈中通入电流时，线圈产生磁场，并使可动铁片磁化，其极性与线圈的磁场方向一致，即铁片靠近线圈一侧的磁极性与该侧线圈的磁极性相反，互相吸引，使可动铁片移动，产生力矩使指针偏转，当此力矩与游丝产生的反作用力矩平衡时，指针便稳定在某一位置，从而指示出数值。

（2）排斥型结构原理：排斥型结构主要有固定线圈、固定铁片、可动铁片、转轴、游丝、指针、阻尼片、平衡锤、磁屏蔽体组成，主要特点是固定线圈为圆形线圈结构。当线圈中通入电流时，产生磁场，使固定铁片和可动铁片磁化，两者极性相同，相互排斥，产生转动力矩，使可动铁片带动转轴和指针偏转，当偏转到一定角度与游丝产生的反作用力矩平衡时，指针平衡，即指示出数值。

（3）特点：

1）由于可动部分都不随电流方向的变化而变化，所以两者既可测交流，又可测直流，测直流时，不存在极性问题。

2）结构简单，过载能力强。

3）标度尺的刻度不均匀。

4）防外界磁场干扰性能差。

3．使用

（1）交流电流表应与被测电路或负载串联，严禁并联，如果将电流表并联入电路，则由于电流表的内电阻很小，相当于将电路短接，电流表中将流过短路电流，导致电流表被烧毁并造成短路事故。

（2）一般直接接入电路的交流电流表测量的范围最大不超过200A，要测量大电流就必须扩大其量程，采用经电流互感器二次绕组再接入电流表，这种接法，测量电流可达10kA。电流互感器是一种类似于变压器的电器装置，将高电压系统中电流或低压系统中的大电流变成低电压标准小电流的电流变换装置，国家标准代号为"TA"，主要有一次绕组、二次绕组、铁芯以及绝缘支持物等构成。工作时，一次绕组匝数很少，串联在被测电路中，流过被测电路的全部负荷电流；二次绕组匝数较多，其两端与仪表或继电器的电流线圈相连接。由于二次侧所接负载的阻抗非常小，几乎等于零，故正常工作时的电流互感器二次侧基本上处于短路状态。借助电流互感器测量大电流时应注意：

1）电流互感器的原绕组应串接入被测电路中，副绕组与电流表串接。

2）电流互感器的变流比应大于或等于被测电流与电流表满偏值之比，以保证电流表指针在满偏以内。

3）电流互感器的副绕组必须通过电流表构成回路并接地，二次侧不得装设熔丝。

（3）交流电流表的测量接线如图5-1所示。

二、交流电压表

1．分类及常用型号

交流电压表按接线方式可分为低压直接接入测量和高压经电压互感器后在二次侧间接

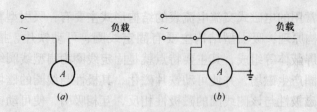

图 5-1 交流电流表的测量接线
（a）交流电流表直接接入电路；（b）借助电流互感器接入电路

测量两种方式，低压直接接入式一般用在 380V 或 220V 电路中。

常用的交流电压表主要有 1T1 型、42 型方形仪表和 59 型、44 型矩形仪表。

2．结构原理

电磁式交流电压表和电流表的构造原理基本上相同，不同的地方主要是仪表的内电路部分，电流表的内电路部分具有很小的内阻和较大的导体截面，而电压表则要求内电路具有大内阻和小截面。

3．电压互感器

（1）用途：一般电磁式电压表只能测量 500V 以下的电压，当所测电压较大时，常使用电压互感器，将高压降为 100V，再进行连接测试，这样可以降低仪表的绝缘强度，仪表的体积相对缩小，测量时也相对安全。

（2）原理：电压互感器的结构与降压变压器相似，也是由一次绕组、二次绕组、铁芯、接线端子（瓷套管）以及绝缘支持物等组成。

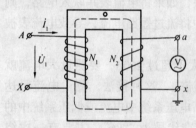

图 5-2 电压互感器工作原理

电压互感器的一次绕组匝数较多，与被测电路并联。二次绕组匝数较少，与测量仪表的电压线圈并联。铁芯是电压互感器产生电磁感应的磁路部分，一、二次绕组都绕在铁芯上。

当电压互感器工作时，一次绕组加载交流电压后，一次绕组中通过交变电流，在铁芯中产生交变磁通，因为一、二次绕组在同一铁芯上，主磁道同时穿过一、二次绕组，在二次绕组中产生感应电动势，如二次侧有闭合回路，则就产生电流。其工作原理如图 5-2 所示。

一次绕组与二次绕组额定电压之比叫变压比，用公式（5-2）表示为：

$$K = \frac{U_{e1}}{U_{e2}} \tag{5-2}$$

（3）使用注意事项：

1）电压互感器的接线必须遵守并联连接的原则。

2）电压互感器的外壳和二次绕组应进行接地。

3）电压互感器的一次绕组和二次绕组不允许短路，一、二次侧必须装设熔断器。

4）电压互感器的变压比应大于或等于被测电压与电压表满偏值之比，以保证电压表指针在满偏刻度以内。

4．接线

交流电压表测量时,和直流电压表一样,也是并联接入电路,而且只能用于交流电路测量电压,当将电压表串联接入电路时,则由于电压表的内阻很大,几乎将电路切断,从而使电路无法正常工作,所以在使用电压表时,忌与被测电路串联。借助电压互感器测量交流电压如图5-3所示。

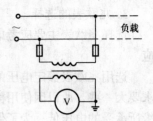

图 5-3 借助电压互感器测量交流电压

三、兆欧表

兆欧表又称摇表或绝缘电阻表,是专门用来测量电机、电器和线路的绝缘电阻的仪表,常用的型号有 ZC-7、ZC-11、ZC-25、ZC-40 型等,还有晶体管兆欧表 ZC-30、ZC-44 型和市电式兆欧表 ZC-42 型。兆欧表是一种具有高电压而且使用方便的测量大电阻值的指示仪表,它的刻度尺的单位是兆欧,用 MΩ 表示,1MΩ 等于 $10^6\Omega$,所以称之"高阻计"。

1. 结构

兆欧表的基本结构由一台手摇发电机、磁电式流比计和附加电阻组成。

手摇发电机有直流和交流两种,兆欧表需要的是直流电源,最常用的交流发电机都配有整流装置,经整流后提供直流电源。手摇发电机的容量较小,但输出电压却很高,兆欧表的额定电压和测量范围就是根据手摇发电机输出的最高电压分类的,电压越高,能测量的绝缘电阻的阻值越高。

磁电式流比计是一种特殊形式的磁电式测量机构,它是兆欧表的测量机构,该计区别于其他测量机构的特殊性在于非工作状态下指针可停留在刻度尺上的任意位置,而不像其他非要停在零位上。

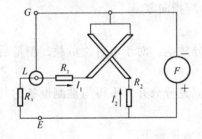

图 5-4 兆欧表的电路原理图

2. 工作原理

兆欧表的电路原理图如图5-4所示,发电机摇动时产生的电压为 U,如两个线圈的内阻分别为 r_1 和 r_2,限电阻是 R_1、R_2,则流经两个线圈的电流分别为:

$$I_1 = \frac{U}{r_1 + R_1 + R_x} \tag{5-3}$$

$$I_2 = \frac{U}{r_2 + R_2} \tag{5-4}$$

得

$$\frac{I_1}{I_2} = \frac{r_2 + R_2}{r_1 + R_1 + R_x} \tag{5-5}$$

即两个线圈电流之比是被测电阻 R_x 的函数。通电线圈在永久磁铁磁场作用下产生两个方向相反又与偏转角度 α 有关的转矩 M_1、M_2,通常 $M_1 \neq M_2$,仪表可动部分在 ($M_1 - M_2$) 作用下发生偏转,直至 $M_1 - M_2 = 0$(即 $M_1 = M_2$)时为止。此时

$$\frac{I_1}{I_2} = f(X) \tag{5-6}$$

即电流比不但是被测电阻 R_x 的函数,也是偏移转角的函数。从式(5-6)可知 $\alpha = f'(R_x)$,仪表刻度 α 可直接按电阻值进行刻度。

3. 兆欧表的选择

选择兆欧表主要应考虑兆欧表的额定电压、测量范围与被测电气设备或线路是否相适应。

选用兆欧表额定电压的原则是，额定电压高的电气设备或线路，其对绝缘电阻值的要求要大一些，所以因使用额定电压高的兆欧表进行测量。对低压电气设备或线路，内部绝缘所承受的电压低；为了保证电气设备不被兆欧表的电源电压所击穿，应选用额定电压低的兆欧表。表5-2是常用兆欧表的数据，供选用时参考。

选用兆欧表　　　　　　　　　　表5-2

选用型号	范围	选用型号	范围
500V	≤500V	2500V	高压瓷绝缘、母线、隔离开关
1000V	>500V		

兆欧表测量范围的选用原则是：测量范围不能过多超出被测绝缘电阻值，避免产生较大误差。

4. 兆欧表的使用

（1）用前检查：

1）检查兆欧表外观完好无损，指针转动灵活，摇动手柄自如，无异常现象。

2）开始试验，在不接任何电器的情况下，以120r/min的转速摇动手柄，指针应指向"∞"。

3）短路试验：

①将L和E短接，缓慢摇动手柄，指针指向零位。

②以较快转速摇动手柄，瞬间将E和L短接，指针应指向零。

（2）注意事项：

1）测量前必须先切断被测电器的电源，并且要充分放电，对于电容性负载，测量后还必须进行放电。

2）表的测量引线应使用绝缘良好的单根导线，且应充分分开，不得与被测设备的其他部位接触。

3）在潮湿场所或降雨状况下，应使用保护环来消除表面漏电。

4）摇测时避免人体碰触导线和被测物，以免触电。

（3）摇测塔机线路：

1）切断塔机电源，将塔机司机室开关回零挡。

2）将兆欧表放在平衡水平面上

3）将L端和E端分别接在塔机专用开关箱出线的A相和B相上。

4）转动手柄，由慢至快，如发现指针已指向零，则不应转动了，说明已短路。

5）将相线调换，再进行摇测，测出A与B、A与C、B与C和A对地、B对地、C对地共六组数据。

6）塔机线路的绝缘电阻最小值为0.5MΩ，但三相之间的绝缘电阻值应比较一致，若不一致，则不平衡系数不得大于2.5。

（4）摇测三相异步电动机：

1) 对新安装的电动机选用 1000V 兆欧表，运行中的用 500V 兆欧表。

2) 定子绕组：测三相绕组对外壳（即相对地）及三相绕组之间的绝缘电阻。

转子绕组：绕线式电机的转子绕组进行摇测，项目是相对相。

3) 正确摇测：

①断开电源接线。

②测相对地时，兆欧表"E"测试线接电动机外壳，"L"测试线接三相绕组，即三相绕组对外壳一次摇成，若不合格时则拆开单相分别摇测。

③测相间绝缘时首先应将相间联片取下，然后再进行相与相测试。

④大型电动机测试前应进行放电。

4) 绝缘电阻值标准：

①新安装的电动机用 1000V 兆欧表，绝缘不得低于 1MΩ。

②旧电动机绝缘一般不低于 0.5MΩ。

(5) 当下列情况时需进行摇测：

1) 新安装的投入运行前。

2) 停用 3 个月以上再次使用前。

3) 电动机进行大修后。

4) 发生故障时。

四、万用表

万用电表又称万用表，是一种带整流器的磁电式仪表，常用来测量交流、直流电流、电压和电阻，有的还可以测量电感、电容、音频电平、晶体管等，是一种多用途多量程的便携式仪表，因此常用在电气维修和无线电维修调试中。

万用表除了常用的模拟式外，还有晶体管万用表和数字万用表。晶体管万用表的灵敏度更高，数字式万用表的功能更多，除常用的功能外还可测频率、周期、时间间隔、晶体管参数和温度等。

1. 结构

万用表主要有表头、测量线路、转换开关及外壳等组成。图 5-5 为 MF-500 型万用表面板及外形图。

(1) 表头要求灵敏度高、准确度好，以满足各量程的需要。表头一般就是一个磁电式直流微安表。满偏电流为几微安至几十微安，满偏电流越小，灵敏度就越高，测量电压时的电阻就越大，电表对被测线路的工作状态的影响就越小。目前一般国产万用表的表头灵敏度约在 10~200mA 左右，测量电压时的电阻为 2000~20000 Ω/V。

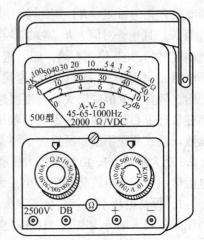

图 5-5　MF-500 型万用表面板及外形图

表头上刻有多条标度尺，每条标尺对应不同的测量值，一般电流、电压挡都是均匀刻置的，而对于电阻则是不均匀刻置。

(2) 测量线路是万用表的心脏部分，一只万用表它的功能测量范围都与测量线路的复

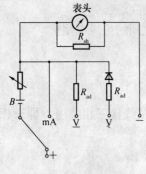

图 5-6 万用表简单测量的原理图

杂程度直接相关，各种万用表的基本电路是相似的。一只万用表实质就是由电流表、电压表、欧姆表等组合而成，因此其线路就是上述几种表的线路复杂组合而成的。

测量线路中的元件绝大部分是各种类型和具有不同数值的电阻元件，如线绕电阻、金属膜电阻、电器膜电阻等，测量交流电压的线路中还有整流元件，它们与表头通过串、并联回路的线路，组成多量限的直流电压、交流电压及多量限欧姆表等测量线路。图5-6为万用表简单测量的原理图。

(3) 转换开关是用来选择各种测量种类和量限的，这种开关大多为多刀多位型，各刀之间相互同步联动，旋转开关位置相应接通所要求的测量线路。

2. 工作原理

(1) 测量电阻：万用表测量电阻的原理与兆欧表不同，与多量程欧姆表相似，图5-7是测量电阻的简单原理图，万用表中的电源用的是干电池，当被测电阻接入电路后，形成回路，则电路的工作电流为：

$$I = \frac{U}{R + R_x + R_c} \quad (5-7)$$

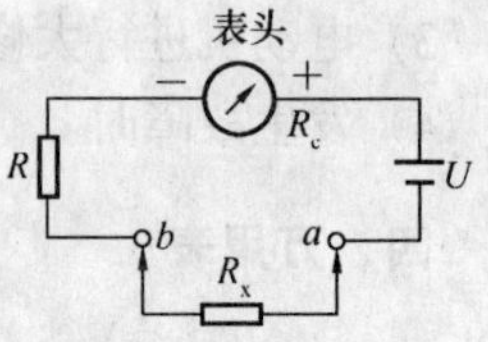

式中　U——干电池电压；

　　　R——串联电阻；

　　　R_c——干电池内阻；

　　　R_x——被测电阻。

图 5-7　测量电阻的简单原理图

由上式可知，工作电流与电源电压及内阻、串联电阻、被测电阻有关，当 U、R、R_c 已知并固定时，工作电流 I 只能与 R_x 有关，且一一对应，R_x 越大 I 越小，R_x 越小 I 越大，指针就满偏，这就是万用表欧姆挡刻度尺的"0"位在右侧，而电压"0"位在左侧，且由于测量电阻时的工作电流 I 与被测电阻 R_x 不成比例，所以，刻度尺是不均匀的。在"0"到"∞"这个范围内，从"0"开始，随着刻度值的增大，刻度线越来越密，每格代表的阻值越来越大。通常所用的刻度都在靠近中心刻度两侧范围内，若是测量大阻值，当指针偏向左时，因为密度很大，很难读数，造成测量不准。所以为了测量更多的电阻，采用了多量限电路，共用一刻度线，以 $R \times 1$ 挡为基础，按10倍来扩大量程，如 $R \times 1$、$R \times 10$、$R \times 100$、$R \times 1000$ 等，增大了被测电阻值后，工作电流势必要减小，为了保证工作电流不变，通常采取两种措施。

1) 保持电压不变。改变与表头并联的分流电阻，即低阻挡用阻值较小的电阻，高阻挡用阻值较大的分流电阻，这样虽然高阻挡总电流减小了，但通过表头的电流仍不变。

2) 提高电源测试压。在万用表中因为使用的是干电池，电池电压会随着电能的消耗而逐渐降低，测量电阻值时就会造成测量误差，所以电阻测量挡有一个零点调整电位器。具体使用方法是测量电阻前，将万用表的测试表短接，同时调整零点调整器的旋钮，使指针指向"0"位。常用的是分压式零欧姆调整器。

(2) 测量直流电流。万用表的直流电流挡一般设计都是用于测量小电流的，通常都在1A以下，以毫安为单位的居多，它的实质是一个多量限的直流电流表，是应用分流器与磁电式测量机构并联来实现扩程的，分流器电阻值越小，相应的电流量程越大，所以配不同阻值的分流器，就可得到不同的测量范围。

（3）测量直流电压。直流电压测量时，仪表便成为一个磁电式直流电压表，工作原理也完全一样，采用附加电阻以扩大量程，附加电阻的阻值越大，能扩大的测量电压的范围也越大，配不同的附加电阻，就得到不同的测量范围。

（4）测量交流电压。由于万用表的表头是磁电式测量机构，只能用于直流电流或直流电压，所以要测交流就必须对电压采取整流措施，交流电压挡就是直流电压挡外加一整流器，其他与直流电压挡相差无几。

3. 使用

（1）用前检查：

1）检查万用表外观完好无损，指针摆动自如。

2）转换开关切换灵活。

3）进行机械调零，将万用表水平放置转动机械调零螺丝，使指针指在零位。

4）若进行电阻测量，则必须进行欧姆调零，若再调指针也不能指向零，则应更换电池。

（2）电阻测量：

1）切断被测电阻与电源的连线。

2）估计所测电阻阻值，选择合适的标准。

3）使表笔与电阻接触良好，注意手及其他部位不得接触表笔的金属部分。

4）读取结果时指针在刻度中心两侧为宜。

5）测量结束，应将转换开关打到空挡或交流电压最大挡。

6）测量中每调换一个欧姆挡必须重新进行欧姆调零。

（3）测量电流：

1）估计所测电流大小，合理选择挡位，当无法估计时，应选最大挡位。

2）分清电流极性。

3）将万用表串联接入电路。

4）正确读数。

5）测量中不得带电换挡，测量较大电流后，应断开电源后再撤表笔。

（4）电压测量：

1）估计所测电压值，选择合适的电压挡。

2）分清极性，若无法分清可采取一支表笔触牢，另一表笔轻点，看指针转向，若反偏，则调换表笔。

3）将表笔并联入电路。

4）正确读数。

5）测量时应注意与带电体保持安全距离，严禁用手触及金属部分，测高压时，应戴绝缘手套，站在绝缘垫上进行，并应使用高压测试表笔，测量中不得换挡。

五、接地电阻测试仪

接地电阻测试仪又称接地摇表，目前国产常用的为 ZC-8 型和 ZC-29 型，见表 5-3，它们具有体积小、重量轻、便于携带、使用方便等特点。下面以 ZC-8 型为例,介绍其结构原理及使用方法。

常见接地电阻测试仪型号 表 5-3

型 号	量限（Ω）	最小刻度分格（Ω）	准确度（%）		电 源
			额定值30%以下	额定值30%	
ZC-8	0~1	0.01	为额定值的 ±1.5	为指示值的 ±5	手摇发电机
	0~10	0.1			
	0~100	1			
	0~10	0.1			
	0~100	1			
	0~1000	10			
ZC-9	0~10	0.1	为额定值的 ±1.5	为指示值的 ±5	手摇发电机
	0~100	1			
	0~1000	10			

1. 结构原理

(1) 结构

ZC-8 型接地电阻测试仪主要由手摇交流发电机、相敏整流放大器、电位器、电流互感器、检流计及量程挡位转换开关等组成,全部结构密封于铝合金铸造的携带式外壳内,如图 5-8 所示。

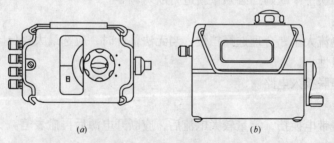

图 5-8　ZC-8 型接地电阻测试仪
(a) 俯视图；(b) 侧视图

仪器附件包括：接地极探测针两根,测试导线三根,长度分别为 5m、20m、40m。

ZC-8 型接地电阻测试仪接线端钮有三线和四线两种：三个接线端钮（E、P、C）,其量程挡位开关的倍率为：×1（0~10Ω）、×10（0~100Ω）、×100（0~1000Ω）,最小分辨率为 0.1Ω；四个接线端钮（C_1、P_1、P_2、C_2）,其量程挡位开关的倍率为：×0.1（0~1）、×1（0~10）、×10（0~100Ω）,最小分辨率为 0.01Ω,在实际使用中,常将 P_2、C_2 短接,即相当于 E 端钮。

(2) 工作原理

测量接地电阻的基本原理如图 5-9 所示。在两根接地体 P_1、P_2 之间加上固定电压后,

就产生电流流过 P_1 和 P_2，它们各自的电压 U_1 和 U_2 是与接地电阻的数据成正比的，所以只要测出电压降（一般把距离它们 20m 处的土看成零电位，再以它为基准分别测出 U_1 和 U_2），由欧姆定律，利用电压和电流值便能推算出接地电阻值。

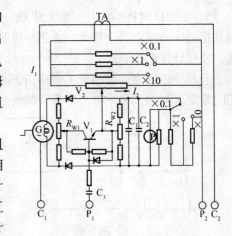

在用 ZC-8 型接地电阻测试仪测量接地电阻时，仪表的接线端钮 P_2、C_2 短接后与接地极 E 相连，另外两个端钮 P_1、C_1 连接相应的电压探测针和电流探测针，电流从发电机流出，经过电流互感器的一次线圈、接地极 E、大地和电流探测针再回到发电机，电流互感器二次线圈产生的电流

图 5-9　接地电阻测试仪工作原理图

通过电位器，当检流计指针偏转时，借助调节电位器的触点，以使其达到平衡，读出调节旋钮的读数，即为所测电阻值。

所以，ZC-8 型接地电阻测试仪可以测量各种接地装置的接地电阻值，四个接线端钮可以测量土的电阻率，同时还可测量低值电阻。

2. 使用

（1）用前检查：

1）检查外观完好无损，量程挡位转动灵活，刻度盘转动灵活。

2）将仪表水平放置，检查指针是否与刻度中心线重合，若不重合，进行机械调零。

3）作短路试验，挡位开关旋至最低挡，将仪表的接线端钮全部短接，摇动摇把后，指针应与刻度中心线重合，若不重合，则说明仪表本身就不准。

（2）测接地电阻：

1）切断接地装置与电源或电气设备的所有连接。

2）放线，将 20m 测试线与 40m 测试线依直线的排列形式放好，将探测针打入土中，至少为探测针长度的 2/3，测试线端的鳄鱼夹子应夹在探测针的接地装置上。

3）将 5m 测试线一端夹在接地装置上。

4）将测试线与仪表相连接，正确接线方式见图 5-10 所示。

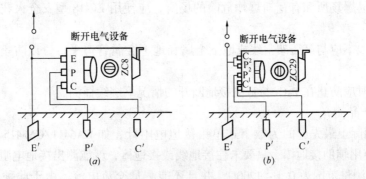

图 5-10　测量接地电阻接线图
（a）三个端钮；(b) 四个端钮

5) 在测试时将挡位打到最大位数，慢慢转动发电机摇把，同时转动测量刻度盘，使指针指在中心线上，当指针接近于平衡时，加快转速，达到120r/min，同时调整测量刻度盘，使指针指向中心线。

若测量刻度盘读数小于1应换挡，减小倍数，再继续上述步骤，使指针指向中心线，用测量刻度盘的读数乘以"倍率"的倍数，即为所测接地电阻值。

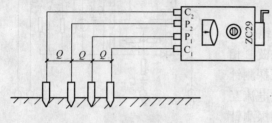

图 5-11 测量土的电阻率接线图

(3) 测量土壤电阻率：用带四个接线端钮的接地电阻测试仪，可以测量土的电阻率 ρ，接线方式如图 5-11 所示。在被测区域沿直线插入四根接地极，彼此距离为 am，其埋入深度不应超过接地极之间距离的 1/20。接线时应打开 C_2 和 P_2 端钮间的短路连接片，用四根导线将四个接地探测针连接到仪表的四个接线端钮上，测量方法与接地电阻的测量方法相同，只是最后要进行以下计算：

所测土壤电阻率为：
$$\rho = 2\pi a R_x \tag{5-8}$$

式中　ρ——该地区土壤电阻率（Ω·m）；

a——接地极之间的距离（m）；

R_x——接地电阻测试仪上的读数（Ω）。

一般情况下重复测量几次，取平均值。

(4) 测量低值电阻：接地电阻测试仪允许测量低值电阻的阻值，测量时，应将 C_1 和 P_1、P_2 和 C_2 分别短接，然后将电阻接于 C_1P_1 和 P_2C_2 两端，接线方式如图5-12所示，测量方法和接地电阻测量方法相同，读出的数值即为电阻值。

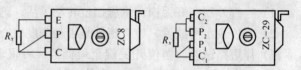

图 5-12 测量低值电阻接线图

(5) 测量注意事项：

1) 不准带电测量接地装置的接地电阻，测量前必须断开电源。

2) 雷雨天气不得测量避雷装置的接地电阻。

3) 易燃易爆场所和有瓦斯爆炸危险的场所，应使用 EC-18 型安全火花型接地电阻测试仪。

4) 测试线不应与高压架空线或地下金属和地下金属管道平行，以防止干扰，影响准确度。

5) 测试时应防止在 P_2C_2 与被测接地断开的情况下继续摇测。

3. 最新产品简介

目前，国际上最先进的为数字式单钳接地电阻计，如 CA6411/CA6415 系列、CE4107 等，都不必使用辅助接地棒，只要卡住接地线或接地棒，就能测出接地电阻，电阻分辨率可达 0.01Ω，测量范围为 0.1~1200Ω，并且还能测量交流电流，由于此种电阻计价格昂贵，建筑施工现场目前还没推广使用。

六、钳形电流表

在用电流表测量电流时，通常需要停电后将电流表或电流互感器的初级绕组串接到被测电路中去，然后再进行测量，而钳形电流表测量电流时，不需要切断电路而直接测量电路中的电流。虽然钳形电流表的准确度不高，一般为 2.5 级或 5 级，由于其不需要切断电流的优点，从而得到广泛应用。

1. 结构原理

（1）互感器式钳形电流表。

国产 T301、T302 型交流钳形电流表是互感器式钳形电流表，主要由电流互感器、整流器、磁电式电流表和分流器组成，如图 5-13 所示。

互感器式钳形电流表的电流互感器的铁芯呈钳口状，当捏紧扳手时铁芯可以张开，被测电流的导线放入钳口中，松开手将钳口闭合，这样被测电流导线就成为互感器的初级线圈，次级线圈与电流表及整流器相连，当初级线圈中有负载电流时就在闭合的铁芯中产生磁通，使次级线圈中产生感应电动势，测量电路中就产生感应电流，电流经整流后变成直流，流过表头，使指针偏转，表的示值是考虑了整流器的影响和互感器的变化而进行刻度的，所以可直接从表示标尺上读出被测电流值。若在钳形电流表线路中串联几个附加电阻，即可测量交流电压，不需要用互感器部分。

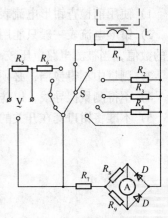

图 5-13 互感器式钳形电流表原理图

（2）电磁式钳形电流表。

国产 MG20、MG21 型交直流两用的钳形电流表是电磁式钳形电流表，其外形与互感式差不多，但内部结构和工作原理都不尽相同，如图 5-14 所示。

电磁式钳形电流表的铁芯也成钳口形，但没有次级线圈，而是在铁芯缺口中央的电磁式测量机构的可动铁片，当被测导线穿过铁芯时，被测导线的电流在铁芯中产生磁场，使可动铁片被磁化并产生电磁力，从而产生转动力矩，驱动可动部分使指针偏转，便可读出数值。因为电磁式仪表可动部分的偏转和电流方向无关，因此，它可以交、直流两用。

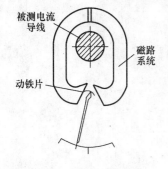

图 5-14 电磁式钳形电流表结构示意图

2. 正确使用及注意事项

（1）正确使用：

1）测量前应估计被测电流的大小，选择量程合适的钳形电流表；

2）根据被测电流的频率，选择互感式或电流式钳形电流表；

3）在正式使用前必须将表放平进行机械调零；

4）根据电流大小选择量程挡位，在无法估计时，选择最大挡；

5）被测载流导线应放在钳口的中央，钳口应紧密闭合；

6）在测量小电流时，为得到较准确的读数，在条件许可时可将导线向同一方向多绕几圈放进钳口进行测量，这时所测电流实际值应等于电流表读数除以放进钳口中的导线根数；

7）使用中在测完大电流测小电流前，应将钳口闭合多次进行去磁；

8）正确读出数值；

9）测量完成后，应将挡位打到最大值，以免下次使用时由于未选择量程而损坏仪表。

（2）注意事项：

1）使用前检查钳形电流表外观应完好，钳口铁芯无污垢、锈蚀；

2）钳形电流表一般只能用于测低压电流，所测电路的电压不能超过钳形电流表所规定的数值，当被测电路电压较高时应严格按有关规定进行测量；

3）测量中不得换挡，必须将导线退出钳口后方可换挡；

4）不得测量裸导线，以防止短路事故；

5）不准将钳口套在开关的闸嘴上或保险管上进行测量。

第六章 安全防范措施

第一节 电气安全用具

一、安全用具的分类和作用

所谓安全用具，对电工而言，是指在带电作业或停电检修时，用以保证人身安全的用具。其分类如下：

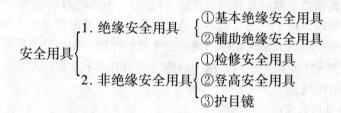

用具本身的绝缘足以抵御工作电压的，称基本绝缘安全用具。可见，在带电作业时必须使用基本绝缘安全用具。对低压带电作业而言，带有绝缘柄的工具、绝缘手套属于此类。

用具本身的绝缘不足以抵御工作电压，但当操作人不慎触电时，可减轻危险的一类绝缘安全用具称为辅助绝缘安全用具。对低压带电作业而言，绝缘靴、鞋，绝缘台、垫属于此类。

检修安全用具是在停电检修作业中用以保证人身安全的一类用具。它包括验电器、临时接地线、标识牌、临时遮栏等。

登高安全用具，是用以保证在高处作业时防止跌落的用具，如电工安全带。

护目镜，是防止电弧或其他异物伤眼的用具。

为正确使用绝缘安全用具，需注意以下两点：

（1）绝缘安全用具本身必须具备合格的绝缘性能和机械强度（合格的绝缘用具）。

（2）只能在和其绝缘性能相适应的电压等级的电气设备上使用。

过去的分类方法，常将验电器笼统地归为"基本安全用具"，近来则归为检修安全用具。

二、验电器

验电器是检验电气设备是否确无电压的一种安全用具，可大致分为低压验电器和高压验电器两类，根据验证的电压等级来选用。验电器一般利用电容（电阻）电流经氖气灯泡发光的原理制成，称为发光型验电器。这种验电器在我国沿用多年，低压验电器使用此类。而高压验电器使用发光型则观察困难，因为高压验电器氖管离人较远，观察其发光时比较困难费劲,尤其在光线强的室外更是如此。近年来随着电子科技的不断发展,研制出的声光验电器和其他型号的验电器给验电工作带来很大方便,颇受欢迎。下面主要介绍一下低压验电器。

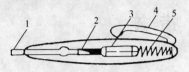

图6-1 低压验电器
1—工作触头;2—碳素电阻;3—氖泡;4—金属笔卡;5—弹簧

低压验电器又称低压试电笔,是低压作业人员判断被检修的设备或线路是否带电的重要测试用具。

图6-1是钢笔式低压验电笔,它由工作触头、降压电阻、氖泡、弹簧等部件组成。验电时,手握笔帽端金属挂钩,笔尖金属探头接触被测设备。可根据氖泡的发亮程度来判断有无电压和电压的高低。

低压验电器除主要用来检查、判断低压电气设备或线路是否带电外,还有下列用途:

1. 区分火线(相线)和地线(中性线或零线)

对于三相四线而言,氖泡发亮的是火线(相线),不亮的则是地线(中性线)。但当有一相发生对地故障时,由于三相电流不平衡,则零线上可能出现电压,当用验电器检测时可见氖泡发亮,据此可以判断出系统出现了故障或三相四线制的负荷配置有严重的不平衡现象。当设备内部发生匝间短路时,由于短路时三相电流不平衡,用验电器测量零线时也可以发现中性线有电压。

2. 区分交流电和直流电

交流电通过氖泡时,氖泡的两极都会发亮;当直流电通过时,由于电流只是单方向流动,则只有一个电极发亮。如将验电器的两端分别接到正、负两极之间,发亮的一端是负极,另一端是正极。

3. 判断电压的高低

如氖泡发暗红,轻微亮,则电压低;如氖泡发黄红亮色或很亮时则电压高。

近年来还出现了液晶数字显示的低压验电器和感应式不接触型的验电器,读者可以按说明正确使用。

特别提出注意的是:低压验电器在使用前应在已知带电的线路或设备上校验,检验其是否完好。防止因氖泡损坏而造成误判断,引起触电事故。

三、带绝缘柄的工具

电气作业人员常用的各种工具中,凡带有合格的绝缘柄的工具均可作为基本安全用具。如各种带有绝缘手柄的钳子、改锥等常用工具,但应注意保持绝缘手柄完好。不得使用绝缘破损的工具作业。

1. 活扳手

活扳手又称为活络扳手,采用优质钢锻造,头部倾角20°30′,热处理强化,表面、周界及头部抛光,镀镍或铬,如图6-2所示。

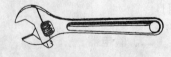

图6-2 活扳手

(1)用途:开口宽度可以调节,可用于装拆一定尺寸范围内的六角螺栓或六角螺母。

(2)规格:见表6-1。

活扳手规格   表6-1

长度（mm）	100	150	200	250	300	375	450	600
最大开口宽度（mm）	13	18	24	30	36	46	55	65
试验扭矩（N·m）	33	85	180	320	515	920	1370	1975

2. 电工刀

电工刀又称为水手刀，采用特殊硬质钢材料制造，含锰元素，韧性好。刃部硬度大于54HRC（洛氏硬度），耐用切割力强，如图6-3所示。

(1) 用途：适用于电工割削导线绝缘层外皮、绳索、木条等。

(2) 规格：见表6-2。

电工刀规格   表6-2

型式	规格代号	刀柄长度（mm）
单用电工刀	1	115
	2	105
	3	95

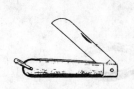

图6-3 电工刀

3. 螺钉旋具

螺钉旋具采用优质碳钢挤冲成型，热处理强化，表面抛光，镀镍或铬，有一字槽旋具和十字槽旋具，手柄分为木制和塑制两种。螺钉旋具又称为螺丝起子、螺丝刀、改锥等，如图6-4所示。

(1) 用途：用来旋转固定或拆卸螺钉的工具；一般螺钉为顺时针旋转是固定锁紧，逆时针旋转是放松退出。

(2) 规格：见表6-3。

螺钉旋具规格   表6-3

槽号	0	1	2	3	4
旋杆长度（mm）	75	100	150	200	250
圆旋杆直径（mm）	3	4	6	8	9
方旋杆边宽（mm）	4	5	6	7	8
适用螺钉规格	≤M2	M2.5、M3	M4、M5	M6	M8、M10

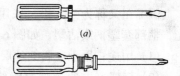

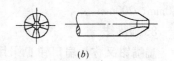

图6-4 螺钉旋具
(a) 一字形(YS型)；(b) 十字形(SS型)

4. 电工钳

电工钳又称为钢丝钳、克丝钳，采用优质碳钢锻造，热处理强化，周界抛光。钳的两平面磨光，柄部套塑柄或沾塑，如图6-5所示。

(1) 用途：用来剪断较粗的导线及电子元件的脚，一般适用在Φ3.2mm以下导线；电工配线上可以用来扭转两条导线；可以夹持钢丝及螺钉等硬质物品。

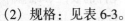

图6-5 电工钳

（2）规格：手柄部带有绝缘套的电工钳，按其长度分为：160mm、180mm、200mm。

5．斜嘴钳

斜嘴钳又称为斜口钳，采用优质碳钢锻造，热处理强化，周界抛光。钳类两平面磨光，柄部套塑柄或沾塑，如图6-6所示。

（1）用途：剪导线与剥导线的绝缘层外皮；斜口钳的刀刃锋面有圆孔，它的作用是方便剥线；有的斜口钳在握把处附有弹簧，使用时会自动弹开；有的斜口钳的刀锋内侧有防止剪断的导线弹跳装置。

（2）规格：手柄部带有绝缘套的斜嘴钳，按其长度分为：125mm、140mm、160mm、180mm、200mm。

6．尖嘴钳

尖嘴钳又称为尖头钳，采用优质碳钢锻造，热处理强化，周界抛光。钳类两平面磨光，柄部套塑柄或沾塑，如图6-7所示。

图6-6　斜嘴钳　　　　　　图6-7　尖嘴钳

（1）用途：夹持要焊接的电子元件；弯线、整线；整理电子元件的接脚；弯口型的尖嘴钳使用于人手不易操作的地方，能握住或夹持住小物品。

（2）规格：手柄部带有绝缘套的尖嘴钳，按其长度分为：125mm、140mm、160mm、180mm、200mm。

7．圆嘴钳

圆嘴钳又称为圆头钳，采用优质碳钢锻造，热处理强化，周界抛光。钳类两平面磨光，柄部套塑柄或沾塑，如图6-8所示。

（1）用途：用于金属细丝煨成圆弧或其他形状，适宜于电器元件的装配、维修作业。

（2）规格：手柄部带有绝缘套的圆嘴钳，按其长度分为：125mm、140mm、160mm、180mm、200mm。

8．扁嘴钳

扁嘴钳又称为扁口钳，采用优质碳钢锻造，热处理强化，周界抛光。钳类两平面磨光，柄部套塑柄或沾塑，如图6-9所示。

图6-8　圆嘴钳　　　　　　图6-9　扁嘴钳

（1）用途：用于金属细丝煨成直线形或呈一定角度的直线形状，适宜于电器元件的装配与维修作业。

（2）规格：手柄部带有绝缘套的扁嘴钳规格见表6-4。

扁嘴钳规格　　　　　　　　　　　　　　　　　表 6-4

全　长（mm）		125	140	160	180	200
钳头长度（mm）	短嘴式	25	32	40	—	—
	长嘴式	32	40	50	63	80

9. 剥线钳

剥线钳又称为剥皮钳，采用优质碳钢锻造，热处理强化，周界抛光。钳类两平面磨光，柄部套塑柄或沾塑，如图 6-10 所示。

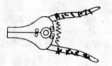

（1）用途：在不带电的条件下，用于导线线芯直径 0.5～2.5mm 的外部绝缘层的剥离。

图 6-10　剥线钳

（2）规格：手柄部带有绝缘套的剥线钳，其长度为 170mm。

第二节　辅助安全用具

1. 电工绝缘用具

辅助安全用具，包括绝缘鞋、绝缘靴、绝缘手套、橡胶绝缘垫等。见图 6-11 所示。它们的用途是隔离地气，阻断电流通过人体的回路，防止人身触电事故发生。常用电气绝缘工具使用一定时间，应到国家或电工行业核准的检测机构进行定期检测，见表 6-5。

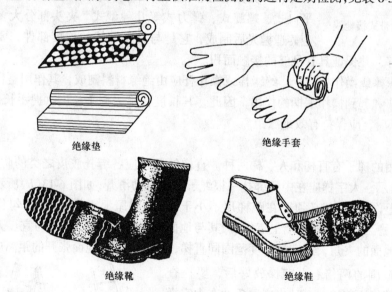

图 6-11　辅助安全用具

常用电气绝缘工具试验表　　　　　　　　　表 6-5

序 号	名 称	电压等级（kV）	测试周期	交流耐压（kV）	时 间（min）	泄漏电流（mA）	备 注
1	绝缘棒	6～10	6个月	40	5		
		0.5		10			

续表

序 号	名 称	电压等级(kV)	测试周期	交流耐压(kV)	时 间(min)	泄漏电流(mA)	备 注
2	验电笔	6~10	6个月	40	5		发光电压不高于额定电压的25%
		0.5		4	1		
3	绝缘手套	低压		2.5	1	<2.5	
4	橡胶绝缘鞋	低压		2.5	1	<2.5	
5	绝缘绳	低压		105/0.5m	5		

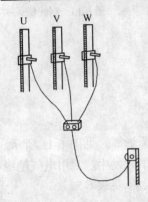

图 6-12 携带式接地线

2. 接地线

对可能送电至停电设备或停电设备可能产生感应电压的都要装设接地线，它是保护工作人员在工作地点防止突然来电的可靠安全措施，同时还能放尽设备断电后的剩余电荷。

防止突然来电所采取的措施，一是采用三相短路接地开关；二是采用作为安全用具的携带型三相短路接地线（简称携带型接地线），见图 6-12 所示。

携带型接地线一般由以下几个部分组成。

（1）夹头部分：根据夹头部分的形状不同，可分为悬挂式、平口式、螺旋式、弹力式等几种型式。夹头部分大多采用铝合金铸造抛光后制成，它是与设备导体的连接部件，要求连接紧密，接触良好，并保证具有足够的接触面积。

（2）绝缘棒或操作杆部分：绝缘棒或操作杆应由绝缘材料制成，其作用是保持一定的绝缘安全距离和起到操作手柄的作用，因此，其长度在除去握手长度（握手长度可取 200~400mm）以后，应保持有效绝缘距离。

3. 梯子

电工常用的梯子有直梯和人字梯两种。直梯的两脚应各绑扎胶皮之类的防滑材料，如图 6-13（a）所示。人字梯应在中间绑扎一根绳子防止自动滑开，如图 6-13（b）所示。工作人员在直梯子上作业时，其必须登在距梯顶不小于 1m 的梯蹬上工作，且用脚勾住梯子的横档，确保站立稳当。直梯靠在墙上工作时，其与地面的斜角度以 60°左右为宜。人字梯也应注意梯子与地面的夹角，适宜的角度范围同直梯，即人字梯在地面张开的距离应等于直梯与墙间距离范围的两倍。人字梯放好后，要检查四只脚是否都稳定着地，而且也应避免站在人字梯的最上面一档作业，站在人字梯的单面上工作时，也要用脚勾住梯子的横档。

梯子使用时的注意事项：

（1）使用前，检查梯子应牢固、无损坏。人字梯顶部铁件螺栓连接紧固良好，限制张开的拉链应牢固。

（2）梯子放置应牢靠、平稳，不得架在不牢靠

图 6-13 梯子
（a）直梯；（b）人字梯

的支撑物和墙上。

(3) 梯子根部应做好防止滑倒的措施。

(4) 使用梯子时,梯子与地面的夹角应符合要求。

(5) 工作人员在梯子上部作业,应设有专人扶梯和监护。同一梯子上不得有两人同时工作,不得带人移动梯子。

(6) 搬动梯子时,应与电气设备保持足够的安全距离。

(7) 梯子如需接长使用,应绑扎牢固。在通道处使用梯子,应有人监护或设置围栏。

(8) 使用竹(木)梯应定期进行检查、试验。其试验周期每半年一次,试验荷重1800N,试荷持续时间5min;每月应进行一次外表检查。

4. 标识牌

标识牌又叫警告牌,是用来警告工作人员不准接近有电部分或禁止操作设备,以免使停电的工作设备突然来电。标示牌还用来指示工作人员何处可以工作及提醒工作中必须注意的其他安全事项。

在电气安装与生产同时进行的工作中,为确保安全,必须悬挂与工作性质、内容相关的标识牌,以示告知他人。标准化的标示牌一般为携带型,其式样如表6-6所示。

常用电气安全工作标识牌式样　　　　　　　　表6-6

序号	名称	悬挂处所	尺寸(长×宽)(mm)	底色	字色
1	禁止合闸,有人工作!	一经合闸即可送电到施工设备的断路器和隔离开关操作把手上	200×100 或 80×50	白底	红字
2	禁止合闸,线路有人工作!	一经合闸即可送电到施工线路的线路断路器和隔离开关操作把手上	200×100 或 80×50	红底	白字
3	在此工作!	室外和室内工作地点或施工设备上	250×250	绿底,中有直径210mm的白圆圈	黑字,写于白圆圈中
4	止步,高压危险!	施工地点临近带电设备的遮栏上,室外工作地点临近带电设备的构架横梁上;禁止通行的过道上、高压试验地点	250×200	白底红边	黑字,有红色箭头
5	从此上下!	工作人员上下的铁架、梯子上	250×250	绿底,中有直径210mm的白圆圈	黑字,写于白圆圈中
6	禁止攀登,高压危险!	工作人员可能上下的铁架及运行中变压器的梯子上	250×200	白底红边	黑字

5. 安全带

安全带是一种登高作业的防坠落的安全用具。一般用皮带、帆布或化纤材料制成。电工用的安全带宽度不小于60mm,绕杆带的单根拉力不得低于2206N,安全带装有保险环和扣环。安全带在使用前要认真地检查并正确使用。安全带检查程序为：

(1) 检查安全带是否为电工专用安全带；是否在试验的有效期内；

(2) 安全带有无糟朽、断裂、老化等现象；

(3) 卡钩开合是否灵活，有无安全卡环；

(4) 安全带连接部分的铆钉是否牢固，扣眼有无开裂。

安全带应系在电工五连工具袋下面、臂部上方，松紧程度以不从胯下脱落为合适。

6. 其他安全用具

其他安全用具的种类很多，和电气工作关系较密切的有围栏和护目镜等，至于那些并非以保障电气安全工作为主的安全用具就不一一在此介绍了。

(1) 围栏（遮栏）：围栏分木制围栏和围绳两种。围栏的作用是把值班人员和工作人员的活动范围限制在一定的范围内，以防误入带电间隔、误登有电设备和接近带电设备造成危险等。因此要求在围栏或围绳上必须有"止步，高压危险！"、"在此工作！"等警告标志，以提高值班人员、工作人员的警惕。

(2) 护目镜：在进行装卸高压熔丝、锯断电缆或打开运行中的电缆盒、浇灌电缆混合剂、蓄电池注入电解液等工作时，均要戴护目镜。

装卸高压熔丝、锯断电缆及打开运行中的电缆盒时主要是防止弧光对眼睛刺激，因此这类护目镜应为有色护目镜。

浇灌电缆混合剂，向蓄电池内注入电解液等工作时戴护目镜是为了防止化学剂溅入眼内。故这类护目镜须为封闭式，眼罩的玻璃应使用无色玻璃。

第三节　安全技术措施

在全部停电或部分停电的电气设备上工作，必须完成下列安全技术措施：

(1) 停电；

(2) 验电；

(3) 装设接地线；

(4) 悬挂标识牌和装设临时遮栏。

上述措施由值班员执行，并应有人监护。对于无人经常值班的设备和线路，可由工作负责人执行。

一、停电

拟订一个正确的停电措施并认真执行，是防止发生触电事故的一个极为重要的环节。一个正确的停电措施应注意做到以下各点：

(1) 将被检修设备可靠地脱离电源，也就是必须正确地将有可能给被检修设备送电或向被检修设备反送电的各方面电源断开。

(2) 断开电源，拉开至少一个有明显的断开点的开关。

(3) 停电操作时，必须先停负荷，后拉开关（断路器。下同），最后拉开隔离开关。严禁带负荷拉隔离开关。

(4) 邻近带电设备的工作人员，在进行工作时与带电部分应保持安全距离，在无遮栏时，对 10kV 系统应不小于 0.7m，对低压系统应不小于 0.1m。

对线路工作来说，还应将有可能危及该线路停电作业、且不能采取安全措施的交叉跨越、平行和同杆架设线路同时进行停电；对大接地短路电流系统、同杆架设线路和两相线加一接地线同杆架设线路，当一回路停电时，其他回路一般应同时停电。线路作业，应停电的范围如下：

（1）检修线路的出线开关及联络开关；

（2）可能将电源返送至检修线路的所有开关（如低压闭式及外协隔离开关、自备发动机的联络开关等）；

（3）在检修线路工作范围内的其他带电线路。

二、验电

检修的电气设备停电后，在悬挂接地线之前必须使用电压等级合适、在试验有效期内的验电器，且事先在有电部分试验可用的验电器检验有无电压。这是检验停电措施的制定和执行是否正确、完善的重要手段之一。因为有很多因素可能导致认为已停电的设备，实际上却是带电的，这是由于：

（1）停电措施不当或由于操作人员失误以及操动机构失灵等原因而未能将各方面的电源完全断开或错停了设备。

（2）所要进行工作的地点和实际停电范围不符。

（3）设备停电后，可能由于种种原因而造成突然来电。

验电工作应在施工或检修设备的进出线的各个方向进行。

验电还应注意下列事项：

（1）验电应分相逐相进行，对在断开位置的开关或刀闸进行验电时，还应同时对两侧各相验电。

（2）当对停电的电缆线路进行验电时，如线路上未连接有能够构成放电回路的三相负荷，应予以充分放电。

（3）对同杆塔架设的多层电力线路进行验电时，应先验低压，后验高压；先验下层，后验上层。

（4）表示设备断开的常设信号或标志、表示允许进入间隔的闭锁装置信号，以及接入的电压表指示无压和其他无压信号指示，只能作为参考，不能作为设备无电的根据。

（5）使用高压验电必须戴绝缘手套。

三、装设接地线

虽然我们从各方面采取了一系列预防发生突然来电的措施，但仍有很多原因，使停电工作设备发生突然来电，采取的主要防范措施或者说是惟一的措施是装设接地线。这项工作是在验电之前，就应先准备好合格的接地线，并将其接地端先接到接地网（极）上，在验明无电后立刻悬挂，构成三相短路并接地。

装设接地线还要注意以下问题：

（1）对于可能送电至停电设备的各方面都要装设接地线。接地线应装设在工作地点可以看见的地方。接地线与带电部分的距离应符合安全距离的规定。

(2) 检修部分若分成几个在电气上不相连接的部位（如分段母线以隔离开关或开关隔开），则各段应分别验电并接地。

降压变电所全部停电时，应将各个可能来电侧的部位悬挂接地线，其余部分不必每段都装设接地线。

(3) 检修母线时，应根据母线的长短和有无感应电压等实际情况确定接地线组数。

(4) 在室内配电装置上，接地线应装在未涂相色漆的地方。

(5) 接地线与检修部分之间不应有开关或熔断器。

(6) 装设接地线必须先接地端，后接导体端。拆地线的顺序与此相反。装拆接地线均应使用绝缘棒并戴绝缘手套。

(7) 接地线必须使用专用的线夹固定导体上，禁止用缠绕方法进行接地或短路。

(8) 接地线应用多股软裸铜导线，其截面应符合短路电流热稳定的要求，但最小截面不应小于 $25mm^2$。接地线每次使用前应进行检查。禁止使用不符合规定的导线做接地线。

(9) 变（配）电室内，每组接地线均应编号，并存放在固定地点。存放位置亦应编号，接地线号码与存放位置号码必须一致。拆装接地线，应做好记录，交接班时，应交代清楚。

(10) 带有电容的设备，悬挂接地线之前，应先放电。

四、悬挂标识牌和装设临时遮栏

悬挂标识牌可提醒有关人员及时纠正将要进行的错误操作和做法。为防止因误操作而错误地向有人工作的设备合闸送电，要求在一经合闸即可送电到工作地点的开关和刀闸的操作手把上均应悬挂"禁止合闸，有人工作！"的标识牌。如果停电设备有两个断开点串联时，标识牌应悬挂在靠近电源的刀闸把手上。对远方操作的开关和刀闸，标识牌应悬挂在控制盘上的操作把手上；对同时能进行远距离和就地操作的刀闸，则应在刀闸操作把手上悬挂标识牌。在开关柜悬挂接地线后，应在开关柜的门上悬挂"已接地"的标识牌。除以上两点外还应对以下的地点悬挂标识牌：

(1) 在变（配）电所外线路上工作，其控制设备在变（配）电所室内的，则应在控制线路的开关或隔离开关的操作手把上悬挂"禁止合闸，线路有人工作！"的标识牌。标识牌的数量应与参加工作班组数相同。

(2) 在变（配）电所室内设备上工作，应在工作地点两旁间隔、对面间隔的遮栏上，以及禁止通行的过道上均应悬挂"止步，高压危险！"的标识牌，以警告检修人员不要误入带电间隔或接近带电部分。

(3) 在变（配）电所的室外配电装置上进行部分停电工作时，应在工作地点四周用红绳做好围栏，围栏上悬挂适当数量的红旗，以限制检修人员的活动范围，防止误登邻近有电设备和构架，并在围栏内侧方向悬挂适当数量的"止步，高压危险！"标识牌，字必须朝向围栏里面。

(4) 在变（配）电所部分停电工作时，还须在工作地点或工作设备上悬挂"在此工作！"标识牌。有时，为了防止人身或停电部分对邻近带电设备的危险接近，须在停电部分和带电设备之间加装临时遮栏，并悬挂"止步，高压危险！"的标识牌。临时遮栏到带电部分之间的距离应符合有关规定的允许距离，以确保工作人员在工作中始终保持对带电部分之间有足够的安全距离。

（5）在室外架构上工作，应在工作地点邻近带电部分的横梁上，悬挂"止步，高压危险！"标识牌。在工作人员上、下用的铁架或梯子上，应悬挂"从此上下！"的标识牌。在邻近其他可能误登的架构上，应悬挂"禁止攀登，高压危险！"的标识牌。

（6）临时遮栏可用干燥木材、橡胶或其他坚韧绝缘材料制成，并应装设牢固。严禁工作中移动或拆除临时遮栏和标识牌。

参 考 文 献

[1] 李英姿．电气工长岗位培训简明教训．北京市建设委员会，2000．
[2] 陈铁华．建筑施工企业全面质量管理及应用实例．北京：中国建筑工业出版社，2001．
[3] 李英姿．建筑供电．北京：中国电力出版社，2003．
[4] 郎志正．质量管理及其技术与方法．北京：中国标准出版社，2003．
[5] 中国建设监理协会．建设工程质量控制．北京：知识产权出版社，2004．
[6] 咨询委员会．工程建设标准强制性条文（房屋建筑部分）．北京：中国建筑工业出版社，2004．
[7] 浙江省建设厅．建筑电气工程施工质量验收规范（GB 50303—2002）．北京：中国计划出版社，2005．
[8] 沈阳建筑大学．施工现场临时用电安全技术规范（JGJ 46—2005）．北京：中国建筑工业出版社，2005．
[9] 张立新．建筑电气工程施工管理手册．北京：中国电力出版社，2005．
[10] 刘介才．工厂供电．北京：中国机械工业出版社，2006．
[11] 樊伟梁．建筑电气工程施工质量的监控与验收．北京：中国电力出版社，2006．
[12] 张立新．建设工程施工现场安全与技术管理实务．北京：中国建材工业出版社，2006．